KB122449

프리스비독의 세계

21세기사

프리스비독의 세계

1판 1쇄 발행 2004년 10월 01일
1판 3쇄 발행 2020년 07월 10일
엮 은 이 편집부
발 행 인 이범만
발 행 처 **21세기사** (제406-00015호)
　　　　　경기도 파주시 산남로 72-16 (10882)
　　　　　Tel. 031-942-7861　　　Fax. 031-942-7864
　　　　　E-mail : 21cbook@naver.com
　　　　　Home-page : www.21cbook.co.kr
　　　　　ISBN 89-8468-140-7

정가 16,000원

점프 최고

프리스비 독의 매력
달린다 · 쫓는다 · 점프
그리고 캐치 !

점프라면 나한테 맡겨라! 백발백중 캐치!

환상의 점프!

프리스비를 물고 파트너를 향해 질주!

경이

점핑캐치

개구리(?)처럼 점프.
과연 착지는?

격렬하게 춤추는듯한
나이스 캐치

믿기지 않는 자세, 유연한
몸매를 주목하라!

하늘을 향해 온몸이
요동친다

사람몸을 발판삼아 화려한
점핑캐치

사람다리를 박차 올라 훌쩍 뛰어넘는 기술

프리스비를 향하여 유선형으로 도약

개와 주인이 혼연일체의 한 팀을 이
뤄 필드를 가로지르며 화려한 기술을
아낌없이 선보인다. 주인의 손을 떠
난 프리스비를 쫓아 질주하는 모습.
한 폭의 그림 같은 점핑캐치. 그 후
에 이어지는 개의 순진무구한 표정.
자랑스러운듯 반기는 주인. 종의 차
이를 초월한 파트너쉽에 어느새 감동
한 자신을 발견할 수 있다!

약 동!

개들의 몸놀림이 눈부시다

큰 덩치라도 가볍게 점프!

깔끔한 몸매! 바싹 치켜올린 꼬리!

탄력있는 자세로 캐치!

총알 같은 몸놀림의 도벨만이
프리스비를 향해 질주 하고 있다.

개와 함께 즐거운 생활

멋지게 성공!
점프라면 누구에게도 지지않지!

조심스럽게 거리를 재보는데,
과연 잡을 수 있을까?

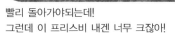

빨리 돌아가야되는데!
그런데 이 프리스비 내겐 너무 크잖아!

경기중인 개들은 역동적이며 아름답
다. 점프방식도 가지가지. 개성이 철
철 넘쳐흘러 보는 사람도 즐거울 수
밖에 없다. 「이런 자세로 괜찮을까」
라며 걱정시킬만한 점프가 있는가하
면 마치 하늘을 나는듯한 점프도 있
다. 우린 그 박력에 숨을 죽이며 개
의 대한 주인의 한없는 애정과 신뢰
를 지켜보는것이다.

캐치! 곧게 펼친 꼬리도 으쓱!

감 동!

물 웅덩이도 거뜬히 !

질주! 빗속을 가로지르며
프리스비를 쫓는다!

물보라를 일으키며 프리스비를 쫓는 애견!

실 수!

나도 때로는 실수할 수 있다구 !
용서해줘!

아까워! 한 템포만 빨랐어도… 분해죽겠네!

점프할때까지는 좋았는데….
캐치 실패! 안됐네!

못잡았어. 한심하네!

저기까지 또? 음, 다시 생각해 봐야겠어!

성공하면 개는 물론 파트너도 즐겁고 뿌듯함을 만끽할 수 있다. 그러나 항상 성공하란 법은 없는법. 실패할 경우도 있다. 하지만 실수를 저질러 면목없는듯한 표정도 역시 귀엽다! 대회에서는 「분발해」라는 격려의 성원이 끊이질 않는다. 다음번엔 꼭 해보일테니까 말이야!

프리스비, 입은 이쪽이라고!

이런, 안되지! 프리스비를 지나쳐버렸어!

파트너
서로 분발하자구요!

빨리 던져요! 재촉하지말고 기다려!

자! 시작!

한편에서는 즉석 프리스비 강습회도 개최.
열기가 뜨겁다

애견에게 줄 상, 뭘 사 줄까?

경기가 끝나자 일단 안심.
파트너에게 응석부리는 개

경기 대성공! 서로 축하!

관중들로부터 쏟아지는 갈채가 기쁘기 그지없다.

파트너로서 개와 주인은 혼연일체감
을 즐긴다. 서로 실수를 보완해주며
경기에 도전하는것이다. 경기중의
엄격한 얼굴이 상냥한 모습으로 돌
아오는건 경기를 마친 후 안심한 순
간. 남은것은 만족한 웃는얼굴.

프리스비를 즐기는 개들
품종 따윈 상관없다. 모두 즐겨보자 !

프리스비 독은 애견과 함께 즐기는 스포츠. 해보려고 마음만 먹으면 프리스비 한 개로 충분하다. 애견과 함께 성장해가는 과정도 즐길 수 있을뿐더러 유대감도 깊어지게 마련이다.

아마츄어 분위기가 물씬 풍기는 경기장은 애견과 주인이 파트너가 되어 참가하는 것이 규칙이다. 경기를 원활하게 진행하기위한 조건만 갖추면 누구라도 참가할 수 있다. 그건 물론 여러분들도 마찬가지다. 그러므로 당연한 이야기지만 경기장에는 여러 종류의 개들이 참가하게 된다. 그 중 가장 많은 품종이 보더 콜리이다. 이외에도 러브레도 레트리버나 골든 레트리버 또한 많다. 웰시코기, 잉글랜드 쉽독, 오스트랄리안 셰퍼드, 그레이 하운드 등도 있다. 또한 작은 체구로 선전하는 잭라셀 테리어, 예쁘게 단장된 스텐다드 푸들, 게다가 「101마리 개들」에서 인기를 모았던 달마시안도 빠질 수 없다. 물론 잡종도 활약하긴 마찬가지, 품종에 구애받는일 없이 즐길 수 있다는 이야기다. 품종에 따른 주인과의 궁합차가 조금은 있을수도 있겠으나 그건 품종의 차이보단 개성쪽이 더욱 크게 작용하는 것 같다. 뭐니뭐니해도 애견과 함께 참여한다는것에 의의가 있는 스포츠니까.

다양한 종류의 프리스비를 즐기는 개들

애견도 함께 즐기는 스포츠

프리스비 독은 주목할만한 애견스포츠

바다 · 산 · 강으로 애견을 데리고 나가
여가를 즐기는 분들을
자주 볼 수 있게 되었습니다.
애견은 가족과 같은 파트너.
가족인 주인과 함께 있는 순간이
애견한테 있어서도 즐거운 한 때입니다.
기분좋고 상쾌한 탁 트인 공간에서
주인과 하나가 되어 노는행위로
애견은 최고의 해방감을 만끽하게 됩니다.

프리스비 한 개로 즐길 수 있는 스포츠

개를 기르고 개신 분은 야외활동을 좋아하는 것 같습니다. 또한 그 반대로 야외활동을 즐기면서 파트너로서 애견을 기른다는 분도 있습니다. 애견과 밖에서 즐기는 스포츠가 주목을 끌고있는 것은 오히려 당연한 결과일지 모릅니다.

자연속에서 애견과 프리스비를 즐긴다. 이 스포츠에 필요한건 단지 프리스비 한 개. 지금 당장이라도 부담없이 즐길 수 있는 애견스포츠인 것입니다.

주인의 능력이 70%를 차지한다

물론 공으로 즐기는 것 또한 부담없고 개들한테도 즐거우리라 생각합니다. 하지만, 프리스비를 사용하면 공으로는 만 끽할 수 없는 세계가 펼쳐집니다. 프리스비를 던진다는 심오함. 그 기술에 요구되는 인간의 능력이 70% 이상을 차지합니다. 애견에게 잘 물어오게 하기위해  서는 주인의 투척방법이 중요합니다. 그러므로 애견을 쉬게할 동안 사람들끼리 프리스비 연습을 하는겁니다. 애견이 쉽게 붙잡을 수 있는 프리스비 투척방법을 생각하면서 훈련해보는 겁니다. 반복해가는 과정에서 그 심오함에 주인들도 즐거움을 느낄것입니다.

애견과 나의 멋쟁이 입문

경기장이 더욱 즐거워지는 패션

프리스비경기는 한여름의 뜨거운 시기를 피해 개최되고 있습니다.
야외스포츠이므로 참가하는 경우는 물론이거니와, 견학하러 갈 경우도 계절과 날씨에 맞는 옷의 선택이 중요합니다.

개와 함께 즐거운 생활

움직이기 편한 소재의 제품을 권장

경기에 참가할 경우는 움직이기 편한 스트레치 소
재나 땀 흡수성이 뛰어난 제품 등이 바람직하기 때
문에 스포츠웨어나 야외활동복에서 선택하는 것이
가장 좋습니다. 실용적이며 활동적인 차림새가 멋부
리기에도 좋다는 이야기지요. 평상복으로서 주목받
고 있는 훌륭한 아이템이 많기 때문에 잘 조합하여
한껏 뽐내보십시오

자신만의 개성으로 은근히 튀어보자!

품종을 모티브로 한 옷이나 애견사진을 프린트한
오리지널옷, 애견과 페어룩을 즐길 수 있는 브랜드
등 개를 사용한 브랜드가 많이 나와 있습니다. 자신
의 애견을 소재로한 브랜드를 주로 애
용하거나 모자나 손수건 등과 같은 소
도구로 애견과 옷을 맞춰입는 등 자신
만의 개성을 표출해보는것도 즐겁습니
다. 개개인의 개성에서 비롯된 패션을
만끽한다면 프리스비대회가 더욱 즐거
워집니다.

경기의 백미 · 프리프라이트

보라! 역동적인 기술을!

프리스비 독에는 여러가지 종류가 있습니다 크게 3가지로 나눠집니다. 우선 디스턴스경기를 시작으로 롱 디스턴스가 있고 경기의 백미라 할 수 있는 프리프라이트경기가 바로 그것입니다. 공중에서 낙하하는 개를 파트너가 붙잡는 도그캐치는 관중들의 탄성을 자아내게 할 정도의 고난도 기술입니다.

프리스비를 낚아챈 지점까지의 거리를
다투는 「롱 디스턴스」

공중에서 프리스비를 낚아채며 회전하는
기술 「프립」

사람의 발이나 신체를 뛰어넘으며
프리스비를 낚아채는 기술. 「오버」

사람의 신체를 발판으로
삼아 점프, 공중에서
프리스비를 낚아채는
기술 「볼트」

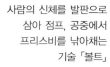

개와 함께 즐거운 생활

프리스비독의 세계

편집부 엮음

차 례

제3장   초보자들도 가능한 8단계 훈련법

푸른 하늘 밑, 바람을 가로지르는 프리스비, 던지고, 달리고, 달려들고···.

사람과 애견이 하나가 되는 스포츠가 요즘 주목받고있습니다. 프리스비와 약간의 공간만 있으면 바로 시작할 수 있다는 점이 이 스포츠의 매력, 때문에 애견과의 허물없는 대화부터 시작해 본격적인 경기참가에 이르기까지 품종에 상관없이 즐길 수 있는것입니다. 게다가 주인과 애견사이의 신뢰관계를 구축해 건강한 신체를 유지하기 위한 여러가지 요소를 제공하고 있습니다.

이 스포츠는 사람과 개가 서로 최고의 팀워크를 이룰 때 비롯되는 화려한 기술이 매력으로 매년 참가자가 늘어나고 있습니다.

애견과의 대회스포츠 「프리스비 독」을 애견과 함께 즐겨봅시다!

나의 애견이
과연 프리스비에 맞는가

프리스비 독의 시작

■ 최초로 개한테 프리스비를 던진 사람은 누구일까?

프리스비 독은 사람이 던지는 프리스비를 개가 쫓아 달려가며 또는 점프하며 낚아채는 스포츠로 1970년대 중반 미국에서 생겨났습니다.

「최초로 개한테 프리스비를 던진 사람은 누구일까?」이 질문에 대답할 수 있는 사람은 아무도 없습니다. 그러나 프리스비 독의 보급에 누구보다도 공헌한 사람은 세번이나 세계 챔피온 자리를 차지한 전설의 개 어슈레이 위펫의 주인, 알렉스 스테인씨 일것입니다.

■ 전설적인 존재 – 어슈레이

1974년 8월, 무모하게도 스테인씨와 어슈레이는 야구경기가 한창인 도저스타디움에 숨어들어 7, 8회 사이 운동장에 뛰어나와 거의 8분여 간 개인기를 펼쳤습니다. 이 모습은 TV중계로 미국전역에 방송되었습니다. 그 후 스테인씨와 어슈레이는 수많은 인기방송에 출연했고 수퍼볼이나 백악관광장에서 당시 대통령의 딸이었던 에이미 카터의 눈앞에서 연기를 펼쳐보였습니다. 프리스비 독 애호가들에게 있어서는 전설적인 존재가 된 것이지요.

그리고 그 영예를 기려 붙여진 이름이 역사적인 프리스비 독 세계선수권대회(The Ashely Whippet Invitational Canine Frisbee Disc World Cham- pionships)가 지금까지 미국에서 개최되고 있습니다. 일반적인 애견가들사이에서도 프리스비만 있으면 가능한 애견과의 즐거운 스포츠로서 점점 애호가들의 숫자도 늘어나고 있습니다. 또한 이 스포츠의 연습과정에

는 애견에게 필요한 예의범절등이 모두 포함되어 있기 때문에 건전한 오락
으로서뿐만이 아닌 개의 행동발달면에 있어서도 큰 도움이 됩니다.

주목받고 있는 개 스포츠

프리스비 독으로 인기가 높은 품종은?

■ 최고의 인기는 보더콜리!

참가개의 과반수가 보더콜리

기본적으로는 어떤 품종이라도 도전하여 즐길 수 있습니다. 그러나 공식 경기 등에 참가하는 품종의 비율을 보면 보더콜리가 압도적으로 많습니다. 그 비율은 무려 출전견들의 과반수이상을 차지하고 있습니다. 이것은 각 개들의 능력차이 여부에 상관없이 보더콜리라는 품종의 대부분이 프리스비 독 경기에 잘 집중하기 때문이라고 합니다. 보더코리를 키우는 분들 중에서는 프리스비를 할 마음은 없었는데 개가 하고 싶어 하니까 어쩌다보니 빠지게 되었다고 말씀하시는 분들까지 계실 정도입니다. 이러한 사실들로부터 미루어볼때 역시 인기 최고는 보더콜리라고 할 수 있을 것입니다.

■ 그 외 인기품종은 뭐가 있을까?

다음으로 인기가 높은 품종은 러브레도 레트리버입니다. 공식경기참가품종의 비율을 보아도 25%의 높은 참가율을 보이고 있습니다. 그리고 작은개 중에서는 웰슈코기가 무려 9할을 차지할 정도로 압도적인 인기를 보여주고 있습니다. 그외에는 저먼 셰퍼드, 오스트랄리안 셰퍼드, 골든 레트리버, 위펫등의 품종이 경기에 참가하고 있습니다.

■ 프리스비 독에는 어떤 품종이 적합할까?

　기본적으로는 어떤 품종이라도 가능합니다. 그러나 이미 언급한 내용에서 알 수 있듯이 굳이 이야기한다면 역시 보더콜리나 웰슈코기가 대표하는 목축견이 적합합니다. 또한 러브레도나 골덴을 시작으로 레트리버종등이 적합하다고 할 수 있을 것 같습니다. 이러한 품종에는 오랫동안 사람과 함께 일해와서 그런지 공동작업을 매우 좋아해 프리스비 독에 적합한 능력을 갖춘 개들이 많은 것 같습니다.

출전개의 절반을 차지하는 보더콜리

골든 레트리버도 즐거운듯 참가　웰슈코기는 작은개 대표

어떤 성격을 가지고 있는개가 적합하다

■ 여러분의 애견을 체크해보자

프리스비 독은 지금까지 말한것 처럼 품종에 따라 적합한 종류가 있다고 할 수 있을 것 같습니다. 그러나 각각 개의 성격이나 행동에 의해서도 궁합이 존재한다고 여겨집니다. 적합한 품종 중에도 프리스비에 흥미를 나타내지 않는 개가 있는가하면 그다지 어울리지 않을것 같은 품종의 개가 훌륭한 프리스비 독이 되는 경우도 있습니다. 체크리스트 ①에서 여러분의 애견은 과연 적합한지 어떤지 확인해보십시오.

혹시 여러분의 애견이 체크리스트에 제시된 성격을 지니고 있거나 행동을 나타내고 있다면 프리스비 독으로서 충분히 기대할 수 있습니다.

Check List ① : 행동을 체크하자	
1	성격은 명랑한가?
2	무엇보다 주인과 노는것을 좋아하는가?
3	주인의 말을 잘 알아듣고 따르는가?
4	주인의 눈이나 표정을 잘 보는가?
5	물건을 던지면 잘 집어오는가?
6	스포츠를 하기에 어울리는 체형인가?

■ 주인의 태도에 따라 좋을수도 나쁠수도 있다

주인과 노는 것을 「매우 좋아함」이 중요하다

프리스비 독은 개와 주인이 함께 즐기는 것이 기본입니다. 다시말해 사람과 개의 공동작업이라고도 할 수 있는 것이지요. 때문에 주인과 노는 것을 매우 좋아하며 주인의 지시를 잘 이해할 뿐더러 하는 말에 잘 집중하고 따르는 개여야 한다는 점이 중요합니다.

러브레도는 공식경기참가견의 25%를 차지한다

의외로 힘든 스포츠

프리스비 독은 개한테 있어 의외로 어려운 스포츠입니다. 체형만보더라도 역시 뚱뚱한 개보다는 마른 개 즉 평균체중의 개가 적합하다고 할 수 있습니다. 사람도 그렇겠지만 개 역시 스포츠를 하기에 적절한 체형을 갖추는 것은 필수적인 요소입니다. 이러한 요소들은 주인의 사육방법과 개의 반응에 의해 어느정도는 실현가능합니다. 중요한건 주인행동 여하에 따라 좋아질수도 나빠질수도 있다는 것입니다.

잭러셀 테리어가 전속력으로 달린다

성격에 상관없이 즐기는 게 가능하다

눈병으로 신경질적인 개, 사람이나 물건·환경에 민감한 개는 낯선장소나 환경에서는 움직일 수 조차 없게 되버리는 경우도 있습니다. 그러나 그러한 개들이라도 익숙한

신경질적인 개라도 즐길 수 있는 스포츠가 프리스비이다

장소에서는 충분히 즐길 수 있습니다. 게다가 조금씩 익혀나가면 훌륭히 대회에 나가서 활약할 수 있게 되겠지요. 하지만 역시 공식경기와 같이 많은 사람과 개, 기자재나 소리에 둘러싸여있음에도 불구하고 전혀 그러한 것들에 개의치않고 프리스비에 집중할 수 있는 개는 대단하다고 생각합니다. 체크리스트 ②와 같은 개는 천성이나 능력은 모두 갖추고 있지만 대부분 주인에게 원인이 있는 경우가 많습니다.

대회분위기에 어울리는 애견으로 삼자

스포츠를 할 만한 체형이라는 점이 우선이다.

사람과 무언가 함께 하기를 좋아하는 개들이 적합하다

Check List ② : 적합하지 않은 개의 성격과 행동

1	항상 불안해하며 뛰어 돌아다니는 것을 매우 좋아한다. 가끔 주인의 통제가 소용없을 정도로 흥분한다.
2	함께 놀아도 곧 싫증나버린다. 냄새를 쫓아 배회하거나 다른개들이 있는곳에 가는 등 집중력이 결여되어 있으며 산만하다.
3	놀려고해도 반응이 없고 달리거나 쫓아오는 등의 몸 움직이기를 싫어한다.

개와 함께 즐기는 생활

연습전에 꼭 익혀야하는
실전에 앞서
알아야할 사전지식

원반(디스크)에 대한 상식

알면 승리한다!

■ 여러가지 종류의 원반

프리스비 원반(디스크)에는 여러가지 종류가 있습니다 색은 물론 소재, 형태, 크기에 이르기까지 참 다양하죠. 우리들이 자주 접하는 것은 프라스틱으로 된 것입니다만 고무나 천으로 된 형태로 있습니다. 개전용으로 만들어진 퍼스트백 프리스비는 회전력도 좋을뿐더러 매끈한 형태로 되어있어 경기장에서도 사용되고 있습니다. 또한 사이즈에 있어서도 소형프리스비와 경기장에서 많이 쓰이고 있는 퍼스트백 프리스비가 있습니다. 개전용 프리스비는 홈센터나 애완용품점을 비롯 스포츠 용품점 등에서 구입할 수 있습니다.

■ 디스크 및 던지기 기술이 중요

승리를 노린다면 개가 붙잡기 쉽도록 던지는 것이 가장 중요합니다. 능숙하게 던지기위해서는 디스크의 구조, 날리는 방법 등을 충분히 파악한 후에 연습해야합니다. 던지기 연습은 여러가지 조건을 가정해 실시합니다. 그건 경기당일의 조건이 항상 좋을 수 많은 없기 때문이지요. 비가 오거나 바람이 세게 부는 날일수도 있습니다. 한편 애견의 캐치능력을 높이기 위한 연습도 필요합니다. 일부러 회전시켜 보거나 서투른 사람한테 던져보게하는 연습방법을 선택하는 사람도 있습니다. 또한 경기장에서 밀려오는 긴장감을 극복하기 위한 정확한 던지기 연습도 중요합니다. 강아지일 경우는 작은 프리스비를 사용해 연습할 것을 권장합니다. 아무리 좋은 프리스비 디스크라도 강아지에게는 직경23㎝의 디스크는 역시 무리가 따르게 마련입니다. 강아지성장에 맞춰 디스크를 골라 주십시오.

■ 디스크 조정도 잊지마시길!

훈련뒤에는 애견 입안을 잘 점검해 주십시오. 입안에 상처가 난 경우가 있을 수 있습니다. 이것은 프리스비 디스크의 조정이 잘못되었기 때문입니다. 훈련 후에는 반드시 조정해야 함을 명심하십시오. 아무리 애를 써도 사라지지 않는 요철은 종이 등으로 다듬어주면 좋습니다. 애견의 건강을 생각해서 한 번 사용한건 방치해두지 말고 달라붙은 모래나 진흙을 깨끗이 닦아 두는 것도 잊지 마십시오.

■ 경기장에서 나눠준 디스크를 사용한다

애견과 프리스비 독을 즐기는데는 어떤 디스크라도 상관없습니다. 경기장에서도 「요전에 사용한 프리스비 디스크로 우승을」이라고 생각할 수도 있습니다. 하지만 경기장에서는 시합당일 접수시에 협회에서 건네받은 프리스비 디스크를 사용하는 것이 조건입니다. 참가자 전원이 같은 조건에서 경합을 벌이는 것입니다.

퍼스트백프리스비의 앞 · 뒷면

프리스비의 능숙한 투척방법

보다 멀리 겨냥했던 곳으로

사전에 프리스비의 투척방법을 숙지해둘 필요가 있습니다. 우측을 노리던 선수가 수평으로 던져버린 경우 프리스비는 공중에서 오른쪽으로 되돌아오려는 특성이 생깁니다. 때문에 좌측으로 내려 각도를 맞춰 던집니다. 그러면 프리스비는 공중에서 떠올라 수평상태가 되어 날아가 마지막에는 좌측으로 약간 기울며 수평으로 빙글거리며 떨어집니다. 이것이 프리스비의 이상적인 투척방법입니다.

프비스비의 기본적인 잡는 방법과 투척방법

■ 프리스비의 기본적인 잡는방법과 투척방법

그러면 가장 기본적인 「백핸드 스로」라는 투척방법에 대해 설명하겠습니다. 우선 기본적인 잡는 방법입니다. 검지 첫번째 관절을 림(디스크 가장자리)밑에 갖다대고 디스크가 손바닥에 있는 생명선을 따라가도록 한뒤 엄지를 디스크표면에 살포시 올려놓습니다. 그리고 난후 나머지 손가락으로 자연스럽게 거머쥡니다. 다음은 투척방법입니다. 우선 던지고 싶은 지점(낙하점)과 그곳까지의 궤도를 머리속으로 그려가며 투척방향을 정합니다. 그런 후 그 궤도의 연장선상에서 오른손잡이는 오른발을 앞으로 내밀고 왼손잡이는 왼발을 내밀고 섭니다.

(앞면)

(뒷면)

프리스비 잡는방법

나를 잡아봐

「하나」하며 테이크백 자세를 취하고 「둘」하며 오른발을 어깨넓이 정도의 보폭만큼 내딛으면서 「셋」이라는 구령과 함께 디스크를 앞으로 보내며 내던집니다. 이 때 뒤쪽으로 들어올린(테이크백) 다음에 손에서 떨어져 나갈 때 까지를 직선상에서 그려보는 것이 포인트입니다. 시험삼아 디스크를 몸에 밀착시킨채 팔을 휘둘러보십시오. 디스크가 곧장 날아가지 않을 뿐만 아니라 던질 때 손등이 위를 향하죠? 이래서는 오른쪽으로 능숙하게 날릴 수 없습니다.

■ 멀리, 겨냥한 곳으로 던지는 포인트

우선 명심해야 할 것은 「힘은 필요없다」라는 점 입니다. 왜냐하면 프리스비는 각도와 처음속도, 그리고 회전의 균형으로 날기때문입니다. 불필요한 「힘」은 이 균형을 깨뜨리며 나쁜 투척자세로 이어집니다. 다음 2번째 포인트

한발을 내민

던지고 싶은 지점과 그 궤도를
직선상에 그려본다.

는「프리스비는 곧장 날아가지 않는다」라는 점입니다. 특히 퍼스트백프리스비의 경우 바람의 영향을 받기 쉬울 뿐더러 돌아가 버리기 매우 쉽기 때문에 미리 비행궤도를 그려보며 투척하는 습관이 필요합니다.

■ 개가 잡기 쉬운 투척방법은?

　자주 이런 질문을 하십니다만 팀마다 천차만별이므로 딱 잘라 말할 수는 없습니다만 한가지 확실한 것은「개한테 전부 떠맡기지 말 것」이라는 점입니다. 개가 디스크를 놓치버리는 경우의 절반이상은 디스크의 속도가 늦다거나 거리가 멀어 개가 쫓아가지 못하는 등 또는 그 반대로 개가 너무 빨라 지나쳐 버리는 경우 입니다. 투척속도를 높이거나 각도높이 및 투척 타이밍을 바꿔보는 등 개가 보기 쉬운 위치로 던질 수 있도록 생각하며 연습할 필요가 있습니다.

테이크백.

오른발을 앞으로 내민다.

프로가 말하는 비법

프리스비 독의 완성을 위한 힌트

프리스비를 시작하기전에 해결해야 할것들

Q1 프리스비를 시작하기에 앞서 다이어트가 필요할까요.

무리한 식사제한은 애견에게 있어 고통스러울거라 생각합니다. 오히려 애견의 몸상태를 봐가며 연습량을 정하고 매일 연습하면 분명 이상적인 체형이 될 것입니다. 식사에 의한 다이어트가 아닌 운동으로 근력을 키우며 애견의 몸을 만들어가십시오. 프리스비를 시작하기에 앞서 애견에게 다이어트를 시킬 필요는 없습니다.

Q2 프리스비를 즐기는데 개의 근력상승이 필요합니까?

달리는 속도나 점프력을 키우려면 역시 근력운동은 해 두는 편이 좋겠지요. 계단이나 언덕를 오르락내리락하면 단기간에 근력을 키울 수 있습니다. 내려갈때는 앞발, 올라갈때는 뒷발근력을 높일 수 있지요. 그러나 무리는 금물, 애견의 상태를 봐가며 연습해주십시오.

분발할거야

무리없을
정도로
운동하자

Q3 　비오는 날의 연습은 그만두는 게 좋을까요?

　여러분의 판단에 맡기겠습니다만 대회는 날씨에 개의치 않고 열립니다. 비나 바람등을 실패의 원인으로 돌릴 순 없지요. 그러므로 비오는 날의 연습도 필요할 것입니다. 비오는 날은 지면이 축축해 개가 미끄러지기 쉽기 때문에 주의가 필요합니다. 이런때 일수록 연습 후의 개의 몸상태는 더욱 신경쓰시기 바랍니다.

Q4 　처음 가르치기 시작할 때 자주 범하는 실수에는 무엇이 있을까요?

　두가지 있습니다. ①애견의 실력이 조금 나아졌을 때 너무 멀리 프리스비를 던져버리는 경우와 ②자신이 만족할때까지 계속 연습하는 경우입니다. ①과② 어느쪽도 애견이 프리스비에 대한 흥미를 잃어버리는 원인이 될 우려가 있습니다. 프리스비는 어디까지나 여러분과 애견이 함께 즐기는 놀이지 여러분만의 유희는 아닙니다. 게다가 체력적으로도 무리가 오게 마련이니 이에 찬성할 수는 없습니다.

Q5 　개를 훈련학교에 보내는 편이 좋을까요?

　프리스비는 여러분 및 가족 모두가 애견과 함께 즐기는 스포츠입니다. 훈련학교에 보내는게 아닌 가족 모두가 애견과 함께 노력해가며 실력을 쌓아가고 그 과정에서 오는 큰 즐거움을 만끽하여 주십시오. 연습하면서 모르거나 의문점이 생겼을때는 프리스비 강사자격을 갖춘 지도자가 있으므로 집에서 가까운 지도자 협회로 연락해주십시오.

Q6 연습 전에 해두어야할 훈련은 무엇입니까?

「안돼」, 「엎드려」, 「기다려」, 「이리와」 등 일상생활에서 요구되는 기본적인 행동 양식만 갖추고 있다면 충분합니다. 프리스비를 즐기기위해 필요한 「가지고와」, 「떨어뜨려」 등은 애견과 즐기면서 익혀나갑니다. 애견과 프리스비를 즐길 때 조심해야할 사항은 우선 놀 장소의 선택입니다. 작은돌이 널려있는 장소나 애견이 상처를 입을 우려가 있는 장소에서는 놀지 않도록 합니다. 개한테 있어서는 풀밭이 최고입니다. 아스팔트나 콘크리트위는 절대 금물입니다. 지역규칙을 준수하고 사람이 적은 시간대를 골라 공원이나 강가 등에서 즐깁시다.

기본적인 행동양식으로 OK,

기다려!

연습을 시작하고 나서 해결해야 할 문제

Q1 공을 가지고는 잘 노는데 프리스비로는 놀지않는 이유는?

대답은 간단합니다. 개한테는 볼을 가지고 노는게 더 쉽기 때문이죠. 개의 시선은 사람의 그것보다 훨씬 낮기 때문에 하늘을 날고있는 프리스비를 낚아채는 건 땅위를 굴러다니는 공을 붙잡는것보다 처음엔 더 어렵습니다. 때문에 프리스비에 흥미를 갖게하기위해서는 공놀이를 잠시동안 멈추고 프리스비만으로 놀게 합니다. 즉 주인과의 특별한 놀이라 인식시키는 것입니다.

Q2 프리스비를 던져도 쫓아가지 않는 이유는 무엇일까요?

애견에게 잘 보여줘 흥미를 유발시키십시오. 그리고 처음부터 멀리 던지지 말아주십시오. 또한 개의 시선에 맞춰 프리스비를 던지십시오. 중요한 건 반드시 애견이 낚아챌 수 있도록 던져주는 것입니다. 낚아챘다는 사실로 애견은 프리스비에 점점 흥미를 느끼게 되고 나아가서는 프리스비를 던져달라고 보채게될 겁니다.

Q3 금방 싫증을 내 버립니다. 좋은 방법은 없을까요?

이 문제는 여러분들에게도 원인이 있는건 아닐까요. 너무 오랫동안 프리스비를 즐기고 계신건 아닙니까? 프리스비로 놀 경우 중요한 점은 애견이 싫증내기 전에 그만두는 것입니다. 이것은 연습할 때도 마찬가지입니다. 그리고 노는 시간은 매일 조금씩 늘려가도록 합니다. 가장 위험한 행동은 애견에게 강제적으로 프리스비를 즐기도록 하는 것입니다. 애견이 프리스비를 싫어하게 되버릴 우려마져 생길 수 있습니다.

Q4 프리스비를 낚아채도 돌아오지 않습니다. 어째서일까요?

여러가지 원인이 있을 수 있겠지만 우선은 부르면 오게끔 철저히 가르치십시오. 처음에 롱리드로 애견을 컨트롤하며 돌아오도록 하는 것도 좋은 방법입니다.

Q5 집에서는 프리스비로 놉니다만 밖에서는 안 그렇습니다. 왜 그럴까요?

집은 애견이 안심할 수 있으며 가장 편안한 장소입니다. 한편 밖에는 애견에게 있어 다양한 자극과 흥미를 유발시킬 요소들이 존재하지요. 애견은 분명 이러한 것들에 이끌려 프리스비에 흥비를 잃게 되는 것입니다. 집에서 즐기는 건 잠시 접어두고 처음에는 애견이 안심하고 집중할

수 있을 것 같은 야외를 선택해 연습하고 점차적으로 다양한 옥외 환경에 익숙
해지도록 도와줍니다.

Q6 프리스비를 낚아챌 수 있지만 점핑캐치는 못합니다.

프리스비를 개가 뛰지 않으면 잡을 수 없는 높이로 들어올립니다. 개는 흥미
를 가지고 낚아채려고 뛰어오르니까 그 때 「점프」라고 명령해 개한테 물립니다.
「점프」명령과 점프해서 무는 행동을 연관짓는 것이지요. 이렇게 「점프」명령으로
점핑캐치하도록 가르쳐 나가는 것입니다.

Q7 프리스비를 공중에서 낚아채지 않습니다.

이 문제를 해결하기위해서는 다음과 같은 방법이 있습니다. 애견이 낚아채지
못한 프리스비는 당연한 이야기지만 땅에 떨어집니다. 그 때 떨어진 프리스비를
절대로 애견에게 물어오게 하지 마십시오. 애견이 프리스비를 물어와도 좋은경
우는 공중에 떠있을 때뿐이라는 점을 가르치는 것입니다. 이 점을 명심해서 연
습하면 이 문제도 분명 해결되겠지요.

Q8 프리스비를 손 가까이에 가져오지 않습니다.

애견이 프리스비를 손 가까이 가져오지 않을 때는 다른 프리스비를 던지지 않
도록 합니다. 애견이 던져달라고 보채도 그냥 놔둡니다. 계속 날고 있는 프리스비
를 가까이 가져오면 또 프리스비를
던져줍니다. 그리고 잘 잡으면 반드
시 쓰다듬어 줍니다. 이렇게 손을 떠
난 프리스비는 반드시 여러분 손에
가져오지 않으면 않된다는 인식을 심
어주는 것입니다.「기다려」와 「이리
와」를 철저히 가르쳐야만 합니다.

물어올 테니까
던져요~

Q9 프리스비를 낚아챌 때 까지는 달리지만 돌아올 때만 되면 걸어옵니다?

무리한 연습이 원인일 수 있습니다. 어느 정도의 시간이 연습시간으로 적당한 지 애견의 건강이나 컨디션 등을 평소 잘 관찰해 여러분 스스로 연습시간을 정하십시오. 또한 더운 계절은 금방 지쳐버리거나 일사병 등에 걸릴 우려가 있으므로 애견의 컨디션을 잘 지켜보며 단시간에 효율적인 연습을 마치려는 마음가짐이 필요합니다.

Q10 프리스비를 가져옵니다만 문채로 내려놓지 않습니다.

「놔」를 잘 가르쳐 프리스비를 바로 내려놓게합니 다. 그래도 내려놓지 않을 경우는 일단 노는 것을 멈춥니다. 프리스비를 여러분곁에 가져와 내려놓 지 않으면 놀 수 없다는 사실을 개한테 알려주십 시오.

Q11 처음 프리 프라이트에서 애견에게 무엇을 가르치면 좋을까요?

프리프라이트에서 처음 가르쳐야할 사항은 프리스비 한장이 아닌 여러장을 사용한다는 점과 프리스비를 반드시 여러분 손 가까이로 가져오지 않아도 된다는 점입니다. 따라서 여러분은 프리스비를 계속 던져 애견이 낚아채도록 하면 됩니다. 기술을 가르치는 방법에는 여러가지가 있기 때문에 이 방법이 정답이고 다른 방법은 잘못되었다고 할 수는 없습니다. 한가지가 아닌 다양한 각도에서 도전해보십시오. 결과적으로 가르치고 싶은 기술이 생긴다면 그걸로 족한것입니다.

Q12 오버를 가르치고 싶지만 어떻게하면 좋을까요?

오버란 사람의 발이나 몸을 개가 뛰어넘으며 프리스비를 낚아채는 기술입니 다. 초보자에게는 어려운 기술입니다만 애견과 도전해보십시오. 즐거울거라 생 각합니다.

우선, 여러분의 다리 뛰어넘기부터 가르칩니다. 처음엔 낮게 지면과 수평으로 발을 내밀어 프리스비로 애견을 유도하면서 발을 뛰어넘게합니다. 포기하지말고 조금씩 연습해 점차 발높이를 높여갑니다. 명령은 「점프」가 좋겠지요. 이것을 습득한 다음에는 던진 프리스비를 발을 뛰어넘어 낚아채도록 연습합니다. 발높이에 익숙해지면 같은 요령으로 몸을 뛰어넘어 낚아채도록 가르칩니다.

Q12 백볼트란 무엇입니까? 백볼트를 가르치고 싶습니다.

볼트란 개가 사람의 몸을 발판삼아 점프해 프리스비를 낚아채는 기술입니다. 백볼트는 사람등을 발판으로 삼아 프리스비를 낚아채는 기술이지요. 우선 두 사람이 한조가 되어 발판이 될 사람과 프리스비를 가진 사람으로 각각 흩어집니다. 그리고 애견이 사람등에 올라타지 않으면 프리스비를 낚아챌 수 없는 상황을 만들어 등을 발판으로 삼아 점프하며 낚아채기를 가르칩니다. 토스 타이밍은 개가 등에 다가올때의 돌진속도와 각도에 따라 달라집니다. 처음에는 개를 제자리에 두고 연습합니다. 이것에 익숙해지면 조금씩 개와 여러분의 거리를 두어가며 연습합니다. 한편 볼트로 개를 높이 날려보고 싶다는 분이 있습니다만 필요 이상으로 개를 높이 던지는 행동은 개의 다리에 부담을 주거나 부상의 원인이 될 우려가 있으므로 절대로 삼가해주십시오.

경기나 개의 건강면에서 해결해야할 문제

Q1 어느정도 익숙해져야 대회에 나갈 수 있을까요?

그다지 성적에 구애받지 말고 우선은 개와 경기를 즐긴다는 목적으로 참가할 것을 권장합니다. 참가함으로서 많은 프리스비팬과 친구가 될 수 있으며 또한 연습방법등 여러가지 조언도 들어볼 수 있지요.

Q2 대회에 나가면 긴장해 제 실력을 발휘하지 못합니다.

주인이 긴장하면 이상하게도 개까지 긴장해버려 평소실력을 발휘하지 못하는
경우는 대부분의 참가자들이 경험하고 있습
니다. 해결방법으로서 말할 수 있는건 가능
한한 많은 대회에 참가해 그 분위기에 익숙
해지는 것입니다. 부담없이 대회에 참가해
하루를 개와 즐긴다는대 중점을 두십시오.
이것도 해결방법에 하나일 수 있습니다.

Q3 생리중인 암캐는 왜 대회에 참가할 수 없습니까?

생리중인 암컷은 독특한 냄새로 수컷들을 흩뜨러뜨릴 우려가 있습니다. 이 때
문에 즐거운 대회에 악영향을 끼칠 염려가 있어 현재 협회주최 대회에는 참가를
삼가하도록 하고 있습니다.

Q4 프리스비를 하면 개의 치아가 닳아 없어지지 않을까요?

분명 치아가 닳아 있는 개를 발견할 수도 있습니다만 이러한 사태를 방지하기
위해서는 연습중 프리스비에 달라붙은 모래나 흙을 잘 닦아내야 합니다. 또한
사용한 후에 반드시 프리스비를 점검해 두면 그다지 걱정하지 않아도 될 거라
생각합니다. 애견을 위해 반드시 개용 프리스비 (퍼스트백프리스비)를 사용하십
시오.

Q5 프리스비를 가지고 놀고 있을 때 가끔 개의 입안에서 피가 나옵니다.

그다지 걱정하지 않으셔도 좋을거라 생각합니다. 프리스비를 낚아챌 때 입안
을 물거나 점검을 게을리한 프리스비 때문에 입안이 헐 경우가 있습니다. 그럴
경우에는 물을 마시게하거나 얼음을 물려 식혀주면 대부분 피는 멎습니다. 프리
스비 점검을 잊지마세요!

프리스비를 연습하자!

매너도 동시에 가르치는 프리스비 연습

■ 함께 즐김으로서 깊어지는 애정

프리스비 한장만 있으면 지금 당장이라도 여러분의 애견과 함께 즐길 수 있습니다. 주인이 던진 프리스비를 애견이 낚아채 돌아온다. 이런 단순한 놀이를 통해 애견과의 신뢰가 깊어지고 행동양식의 일환으로서도 큰 도움이 됩니다. 프리스비 독은 여러분과 애견과의 관계를 한층 깊어지게 만들어주겠지요.

프리스비 한장으로 즐길 수 있다

■ 지금 기르고 있는 애견과 함께 도전해보자!

굴려서 즐기자!

지면에 미끄러뜨려 즐기자!

프리스비는 어릴적에 한번은 즐겨본 적이 있는 장난감이 아니겠습니까? 친구들이나 가족과 함께 주고받는 사이에 시간가는 줄 모르고 웃으며 즐거워하지 않았습니까? 그러다보니 주고받는 상대방과의 대화가 생겨났다고 생각합니다. 이처럼 여러분의 애견과도 대화를 시도해보십시오. 프리스비를 통해 애견과 즐거운 「놀이」가 시작됩니다. 프리스비 독은 품종에 구애받지 않고 즐길 수 있는 놀이입니다. 지금 기르고 있는 애견과 함께 프리스비 독에 도전해봅시다! 프리스비를 즐기는 법은 던지고 물어오게 하는 것이 전부가 아닙니다. 프리스비를 굴리거나 (로러), 지면에 미끄러뜨려서 (슬라이더) 애견이 쫓아가게하는 놀이방법도 있으므로 아이들은 물론 여성에 이르기까지 누구라도 즐길 수 있습니다.

■ 행동양식도 동시에 익힌다

프리스비를 하기위해서는「행동양식이 몸에 배어있지 않으면 할 수 없다」고 생각하고 있는 분이 계시는데 그건 아닙니다. 프리스비를 즐기면서 행동양식도 익혀나갈 수 있기때문이지요. 공이나 간식 대신 프리스비를 쥐가며 애견에게 예의

프리스비를 사용해 행동양식도 가르칠 수 있다

범절도 가르칠 수 있고 프리스비에 적응시킬수도 있습니다.

■ 실내에서도 시작할 수 있는 프리스비

실내에서도 프리스비를 굴려 물어오게 함으로서 「가져와」를 연습할 수 있습니다. 「잡아」라는 구령으로 애견에게 프리스비를 물리고 「드롭」으로 프리스비를 내려놓게한다. 실내에서도 여러가지 연습을 할 수 있습니다. 프리스비 독은 광장이 아니면 시작할 수 없는 스포츠가 아닙니다. 언제 어디서나 시작할 수 있습니다. 물론 근처에 넓은 장소가 있다면 그곳에서 즐기는게 이상적이겠죠.

■ 연습전에 안전한지 확인하자!

 밖에서 애견과 놀 경우 꼭 프리스비 때문이 아니라도 풀밭 광장이 이상적입니다. 돌이 굴러다닐만한 곳에서는 애견이 상처입을 우려가 커집니다. 광장에 가면 지면에 상처를 입힐만한 물건(작은 돌이나 유리조각 등)이 떨어져 있지 않은지 혹시 구멍이 나 있지 않은지 등을 충분히 주인이 육안으로 점검하는것도 중요합니다.

 또한 지역규범 등으로 애견을 끈없이 돌아다니게 할 수 없는 장소가 있습니다. 그럴때는 5~15m정도의 긴끈을 사용하세요. 한편 프리스비를 즐길 경우 주위사람이나 개한테 피해를 끼치지 않을 만한 장소를 고릅니다.

노는 것은 풀밭광장이 최고

연습은 롱리드를 사용해서!

애견과 함께 즐겁게 연습을 시작하자!

초보자들도 가능한
8단계 훈련법

애견과 즐기는 프리스비

주인과 노는 즐거움을 익히는 것이 첫걸음

■ 몇살정도부터 연습하면 좋을까?

①우리집에 온 순간부터 시작되는 연습

몇살 정도부터 연습하면 좋을까라는 질문을 자주 받습니다만 작은 프리스비를 굴려 함께 노는거라면 언제든지 가능합니다. 개의 행동양식이나 훈련은 강아지가 자신의 집에 온 순간부터 시작된다고 합니다만 그 말이 정답이라 생각합니다. 다만 개의 성장을 고려하면서 노는 것이 중요합니다. 품종에 따라서는 탈관절형성부전(HD) 등의 유전병을 앓고 있는 경우가 있어 과격한 운동으로 몸에 부담을 주는 경우 악영향으로 이어질 우려가 있습니다. 성장 도중인 강아지에게 과격하거나 무리한 운동은 시키지않도록 항상 신경쓰며 놀도록 합시다.

②연대를 돈독히 하는것에서 시작

강아지들과는 대략 생후 30일 정도부터 공을 굴리거나 프리스비를 돌리는 등의 게임을 하며 놀기 시작합시다. 이러한 사람과

연습에 사용하는 주요한 도구

볼

덤벨

퍼스트백 프리스비

의 놀이는 사회화기(강아지가 태어나서 사회와 동화하는 가장 중요한 시기)에 사람과의 연대를 돈독히 해 주며, 앞으로 개의 삶에 중요한 의미를 지닌다고 여겨지고 있습니다. 이 시기에 「사람과 놀면 즐겁다. 이것이 최고다」라며 개한테 각인시켜두면 사람을 잘 따를뿐더러 여러분과 함께 애견 스포츠를 즐기는데 커다란 힘이 되겠지요.

■ 개한테 있어 프리스비는 하늘을 나는 먹이감

구체적인 연습방법을 보러가기전에 우선 개의 본능, 행동학에 대해 간략하게 알고 넘어가죠.

①본능을 이용한 개와 인간의 게임

프리스비를 즐기고 있는 개들을 본 적이 있습니까? 어떤개라도 즐거운듯이 주인과 놀고 있습니다. 어째서 그렇게 즐겁게 놀 수 있는걸까요? 개에게는 포식성행동(쥐나 새를 정신없이 쫓아다니는 행동)이라는 놀라운 본능이 있습니다. 실은 이러한 특징이 프리스비 독을 배우는데 있어 중요한 요소입니다. 프리스비를 익힌 개는 하늘을 나는「먹이(프리스비)」를 사람과 협력해 공중에서 잡고 있는 셈입니다. 개한테 있어 프리스비는 본능을 일께워주는 매우 즐거운 「사람과의 게임」인 것입니

프리스비는 하늘을 나는 먹이?

다. 한편 공중에서 프리스비를 낚아챈 후 입에 문채로 머리를 크게 흔드는 개가 많이 있습니다. 이는 먹이를 포획한 뒤에 숨통을 끊는 행위이지요. 프리프라이트 (5장의 프리스비를 사용하는 연기)로 여러가지 다양하게 변화하는 프리스비를 낚아 채는것도 개들에게 있어서는 쾌감 그 자체입니다. 사람의 몸을 발판으로 삼는 기술을 시작으로 어려운 연기도 이런 본능 때문에 가능해지는거지요. 프리스비는 개의 포획본능을 이용한 「개와 사람의 게임」입니다. 개들은 그 본능대로 활발하게 프리스비를 쫓고 있는 것입니다.

처음에는 보통 낯익은 집안이나 장소에서

개가 지칠때까지 연습하는 것은 역효과

②프리스비는 먹이대용품

그런 이유로 프리스비는 루어(모조먹이)로서 평소훈련때나 행동양식을 가르칠 때도 이용할 수 있습니다. 프리스비를 먹이 대신 사용하는 것입니다.

■ 짧고 · 다소 모자란듯한 연습이 중요 포인트

「단시간」「절대로 무리하게 시키지말 것」이점이 중요합니다. 첫 목표량으로는 하루에 3분정도입니다. 「왜 이렇게 짧아」라고 여기실 분도 많을 거라 생각합니다만 매일 이 3분간의 꾸준함이 나중에 커다란 힘이 됩니다. 개가 지칠때까지 연습한다면 즐거운 놀이가 고통이 되어버립니다. 이렇게 되버리면 프리스비보다 다른 대상에 집중해 사람과 어울리지 않게 되버리는 개도 있습니다. 「단시간」「적당히」 이것이 수퍼애견을 육성하는 중요 포인트입니다.

■ 조건이 좋은 장소를 골라 연습을

① 즐거움을 가르치면 충분하다!

조건이 좋은 장소(개가 다른 대상에 정신 팔리지 않는 장소)를 골라 연습합니다. 이건 다 자란 개의 경우도 마찬가지입니다. 사용하는 도구는 프리스비 이외 장난감, 종, 공 등 아무거라도 좋습니다. 그리고 노는 재미를 익혀 가면서 점점 범위를 넓혀갑니다. 강아지 때부터 사람과 노는 즐거움을 배운 개는 다른 개들보다는 사람과 노는 쪽을 더 좋아하게 됩니다. 개를 주인의 프리스비에 집중시키기 위해서는 주인과 노는 즐거움을 가르칠 것. 이게 전부입니다. 개가 다 자라고 나서 훈련을 시작한 개들이라도 프리스비의 즐거움을 알게되면 프리스비를 물고 쏜살같이 여러분이 있는 곳으로 달려오게 됩니다.

② 성공함에 따라 불어나는 재미

연습은 반드시 줄을 매어 개를 유도하면서 실시합니다. 왜냐하면 개는 행동에 따라 배우는 동물이기 때문입니다. 다시 말해 줄로 개를 유도하면서 반드시 성공시킬 것. 이

것도 연습에 있어 소홀히 해서는 안될 중요한 요소입니다. 줄의 특성을 빌려 성공시킴에 따라 개는 점점 프리스비에 재미를 느끼게 되는 것입니다.

반드시 줄을 매어 개를 유도한다

이런것은 금지! 실수모음

프리스비를 연습할 때 마음가짐

실수① 개가 알아들을 수 있게끔 칭찬한다

여러분은 어떻게 개를 칭찬하십니까?

이건 개한테 있어 중요한 사항입니다. 개는 기본적으로 주인에게 늘 칭찬받고 싶어하는 동물입니다. 개는 주인의 모습을 살피고 생각하며 놉니다. 칭찬할 때 주인의 즐거움을 개가 알아차릴 수 있도록 칭찬해 줍시다. 칭찬할때 말은 예를들면 「굿보이」(수컷의 경우), 「굿걸」(암컷의 경우), 「굿독」(암수 아무쪽이나) 등을 사용하면 좋겠지요. 칭찬할때는 개가 기뻐하도록 목소리의 톤을 높여줍니다. 게다가 액션도 취해 보신다면 더욱 좋겠지요. 또한 프리스비 연습전에 「프리스비, 프리스비」라며 말해 두는 것도 효과적입니다. 그 목소리 뒤에 즐거운 일이 있을거라는 사실을 개가 익히기 때문이지요.

개가 이해할 수 있게끔 충분히 칭찬해 주어야 한다

실수②   놀때도 잘못하면 꾸짖는다

「안돼」라는 명령은 개와 프리스비를 연습하고 있을때는 사용하지 마십시오. 「안돼」라는 말을 하지 않고 가능한한 지시에 따르게해 칭찬만 해줍니다. 개한테 「이렇게 하면 칭찬받는다!」, 「즐겁다!」라고 여기게 하는것입니다.

기본적으로 놀고있을때는 꾸짖어서는 안됩니다. 왜냐하면 주인과 함께 놀때는 개한테 있어 주인과의 가장 즐거운 시간이기 때문입니다. 뭐니뭐니해도 칭찬할 것. 게다가 능숙하게 해야하는 것입니다.

긴 줄을 이용해 실패를 성공으로 바꾼다

실수③ 실패하게 내버려둔다

　예를 들면 개가 프리스비를 물었지만 주인곁으로 돌아오지 않습니다. 여러분이라면 어떻게 대처하시겠습니까? 이 상황에서는 반드시 긴 줄을 사용해서 돌아오게끔 합니다. 즉 줄로 개를 유도해서 여러분 곁에 오게끔 하는 거지요. 그러면 얼른 칭찬해 줍니다.

　실은 개가 실패한 경우라도 줄로 유도해서 성공으로 이끄는 것입니다. 딴청을 피우다 돌아온 개를 혹시 여러분이 참지못하고 꾸짖어 버리면 개는 「돌아왔는데 혼났네. 재미없어」라는 식으로 받아들이겠죠.

　프리스비 독 뿐만이 아닌 개의 행동양식이나 훈련에서는 「성취시키기」로 개한테 「성공이란 어떤 것인가」를 느끼게하는 것이 중요합니다.

칭찬이 실력향상에는 최고 특효약

58

이건 사역견을 포함해 모든 행동양식과 훈련에 들어맞는 중요한 키 포인트 입니다. 그리고 즐겁게 짧은시간 동안 논 후에는 주인인 여러분이 개한테서 프리스비(장난감 등)를 회수하세요.

이는 「프리스비는 사람의 소유물이지 개의 소유물이 아니다」라는 점을 개한테 이해시키기 위해서 입니다.

또한 개집 안에는 절대로 장난감이나 프리스비 등을 넣지 않을 것. 이는 놀때는 사람과 항상 함께라는 생각과 인간이 개보다 우수하다는 차이점를 확실히 인식시키는데 중요합니다.

논 후에는 프리스비를 회수할 것

연습은 단계별로
로마는 하루 아침에 이루어지지 않았다 ①

1단계 : 우선 흥미유발부터 시킬 것

프리스비를 뒤집으면 슬라이더가 된다

프리스비를 전후좌우로 흔든다.

공을 가지고 올 수 있다면 곧 능숙해진다.

프리스비를 가볍게 토스

여기서는 개의 성격을 고려, 그 개에 맞는 연습방법을 말씀드리겠습니다. 개한테는 크게 나누어 3가지의 성격이 있습니다.

① 무슨일이 있어도 꼼짝않는 유형, ② 부끄림을 잘 타며 잔병치레가 많은 유형, ③ ①②의 중간유형 등입니다. 일반적으로 가장 기르기 쉬운

개와 함께 즐거운 생활

개는 세번째 개로 훌륭한 파트너독이 될것입니다. 여러분 각자 기르고 있는 개는 어떤 유형의 성격인지 생각해 보십시오

■ 꼼짝않는 스타일의 연습방법

적응력이 우수해 보다 쉽게 가르칠 수 있다

이런 유형의 개는 훨씬 기르기 쉽고 가르치기도 용이합니다. 물건(뭐든지 좋음)을 물어올 수 있다면 그것을 프리스비디스크로 바꾸면 충분합니다. 이 유형은 호기심이 왕성하며 적응력이 높아 쉽게 프리스비에 익숙해질것입니다. 혹시 공을 쫓아가 물어올 수 있다면 비교적 쉽게 통달할 수 있습니다. 평소즐기던 놀이 -「공 물고 오기」가 가능하다면 그 공을 프리스비로 바꾸면 됩니다만 처음에는 약간 주의해 주십시오. 처음으로 프리스비를 줄 때 반드시 좋은 인상이 남도록 주의합니다. 우선 이 단계를 잘 넘어가지 못하면 나중이 더 어려워집니다.「뭐야 이거? 재미있을거 같은데」라고 여기게 만드는 것이 중요합니다.

① 프리스비를 개가 보는 앞에서 전후좌후로 흔들거나 살짝 던져본다 (토스), ②로러(프리스비 굴리기), ③슬라이더(프리스비를 뒤집은 상태로 굴리기. 개가 물기 쉽게 뒤집음) 등을 시도해보십시오. 필시 이 유형의 성격이라면 간단히 물어 올거라 생각합니다.

프리스비를 굴려보자

■ 부끄러움을 잘 타는 스타일의 연습방법

시간이 걸려도 두뇌플레이가 가능하다

이런 유형의 성격을 가진 개들은 조금 다루기가 어려움을 미리 말씀드립니다. 꼼짝않는 개들처럼 생각해서는 안됩니다. 이런 유형의 개들은 자신이 본 적없는 대상이나 새로운 환경에 매우 민감합니다. 최초 프리스비디스크에 대한 인상이 무엇보다 중요합니다. 이 시점에서는 다른 플라스틱제품을 씹거나 물고 있다면 큰 문제야 없겠습니다만 신중하게 대처해나가야 합니다. 예를들어 프리스비디스크를 식기로 사용해보기를 권장합니다. 매일 디스크에 자신이 제일 좋아하는 음식이 담겨 나오니까 디스크에 대한 개의 인상은 매우 좋아집니다. 처음엔 무서워했던 개도 점점 디스크를 좋아하게 되겠죠. 조급해하지 말고 천천히 여유를 지녀야 합니다. 이 유형의 개는 성격면에서도 까다롭기 때문이 다루는데 시간이 걸릴 수도 있습니다. 하지만 일단 성공하면 두뇌플레이가 가능한 멋진 프리스비 독이 될 것입니다.

■중간형의 연습방법

생각하며 행동하는 유형

이 유형의 개는 사물을 생각하며 행동함으로 사람이나 환경에 잘 적응하며 무엇보다 기르기 쉽다는게 특징입니다. 하지만 처음에 프리스비를 물리는 순간 만큼은 주의해주십시오. 첫인상이 가장 중요합니다. 이것은 비단 프리스비에 국한되지 않고 어떤 다른 개를 훈련시킬때도 마찬가지입니다. 「즐거움」이 우선이니까요.

식기로 사용하면 개도 두려워하지 않게 된다.

물리는 순간의 첫인상이 승부를 가늠한다.

연습은 단계별로
코마는 하루 아침에 이루어지지 않았다②

2단계 : 프리스비 무는 방법을 가르치자

■ 디스크를 물리자. 「테이크」를 가르치자

「테이크」란 손에 디스크를 쥔 상태에서 개한테 물리는 과정을 의미합니다. 이 과정을 개가 습득할 수 있다면 다음 단계도 쉽게 가르칠 수 있기 때문이지요. 「테이크」라는 구호를 외치며 손에 들려 있는 프리스비를 물립니다. 그런뒤에 「드롭」이라는 명령으로 프리스비를 내려놓게 합니다. 이것도 중요한 연습으로 이후 도움이 됩니다.

손에 쥔 채 물립니다

「드롭」으로 프리스비를 입에서 떨어뜨린다.

「테이크」와 「캐치」의 차이점은 뭐지?

「캐치」란 완전히 손을 떠나 공중에 떠 있는 상태의 디스크를 낚아채는 기술을 가리킵니다. 우선은 손에 쥔 상태에서 연습해 봅니다.

개와 함께 즐거운 생활

■ 개의 유형에 따른 연습방법

① 소프트형 연습방법

개와 서로 잡아당기며 놀자

이 유형에 속한 개들 중에는 잘 물지 못하는 녀석이 많이 있습니다. 그런 경우에는 프리스비 이외의 물건으로 예비연습이 필요합니다. 이것은 「의욕 북돋아주기」로 개가 좋아하는 사물(뭐든지 좋다)을 물려 집중적으로 개와 서로 잡아 당기기를 합니다. 이 과정을 개한테 잘 가르칠 수 있다면 프리스비를 개와 즐길 수 있게됩니다. 이 유형의 개는 성격도 까다롭기 때문에 다루는데 보다 많은 시간이 필요합니다. 경우에 따라서는 수개월이 걸릴 수도 있지요. 물론 프리스비디스크라도 상관없습니다. 이것을 완전히 습득할 수 있다면 개는 서로 잡아당기기를 하고 싶어 프리스비를 주인곁으로 가지고 오게 됩니다.

② 소형견의 연습방법

소형 프리스비를 사용

소형견으로 알려져 있는 품종에는 약 10cm크기의 소형프리스비가 연습하기에는 안성맞춤입니다. 또한 이것은 강아지를 위한 놀이용 도구로서도 활용할 수 있지요. 타올이나 양말은 물지만 커다란 프리스비는 못 물 경우 작은 제품을 사용하면 바람직 할 것입니다. 미니어춰·닥스훈트도 이거라면 충분히 즐길 수 있습니다.

커다란 프리스비를 작은 것으로 바꾸자

「놀아줘요」라며 프리스비를 가져오도록

캐치는 공중에서 프리스비를 낚아채는 기술

③ 공을 무는 개의 연습방법

공을 프리스비로 바꾸자

　이 개들은 보통 가지고 노는 공, 장난감 등을 프리스비로 바꿔주면 비교적 잘 놉니다. 게다가 어릴때부터 서로 잡아 당기기를 익혀온 개라면 무리없이 잘 따라올거라 생각합니다.

공을 프리스비로 바꾸면 OK!

④ 흥미를 보이지 않는 개들의 연습방법

포기했을때가 끝날 때

시간은 걸리리라 생각됩니다만 포기하지 말고 도전해 보십시오. 포기했을때가 끝날 때 입니다. 저도 이 유형의 개를 다루는데는 애를 먹습니다만 훈련을 시작해 1년 반만에 멋지게 프리스비를 낚아챌 수 있게 된 개들도 많이 있습니다. 단념하지말고 서로 잡아 당기기등 기본기부터 시작해보십시오

순한유형의 개일 경우는 평소 낯익은 곳이나 집안 등 집중할 수 있는 곳을 선택해 연습해 주십시오. 순서에 맞춰 연습해 나갑니다. 익숙해짐에 따라 새로운 장소에서도 놀 수 있게 됩니다. 또한 발의 안전을 고려해 옥외에서는 위험한 물건이 없는 풀밭위, 집안에서는 반드시 융단 위에서 연습합니다.

흥미를 보이지 않아도 단념하지 마세요!

순한개들은 낯익은 곳에서 연습하는것이 좋다

연습은 단계별로
로마는 하루 아침에 이루어지지 않았다 ③

3단계 : 처음에는 줄을 사용해
공중에서 물어오게 한다

■ 완벽한 자세를 만드는 줄

나중에 반드시 도움이 된다

지금부터 연습은 긴줄을 사용해 실시해 주십시오. 처음부터 개를 자유롭게 놔두면 자기멋대로 무언가에 흥미를 갖게 되버려 생각대로 잘 움직일 수 없게 됩니다. 항상 완벽한 자세를 개한테 습관들이기 위해서는 줄, 그것도 긴줄 사용을 권장합니다. 프리스비는 낚아채지만 가져오지 않거나 불러도 오지 않는 개는 첫 훈련이 제대로 이루어지지 않았기 때문입니다.

또한 연습중에 다른 사람이나 개들과 접촉시키지 않는것도 안전을 위해 추천합니다.

긴 줄로 개를 유도한다

긴 줄로 손 근처까지 불러들인다

프리스비 물고 어디가니?

얼굴 좌우 어느 쪽으로든지 살짝 토스

우선 개를 정면에 앉히자

■ 이번에는 공중에서 낚아채게 하여보자

「캐치」 명령으로 「토스」

①우선 개를 사람정면에 앉힙니다.
②다음 정면이 아닌 개의 얼굴 좌우 어느 쪽이든지 살짝 올려줍니다.

　좌우 어느쪽이든지 살짝 올려주는 것은 정면에서는 개가 두려워할 경우가 있기 때문입니다. 또한 뒤돌았을 때 낚아채기 쉽게하는 효과도 있습니다. 「토스」 할때는 「캐치」라고 외치면서 실시해 주십시오. 명령의 의미를 개한테 이해시키기 위함입니다.

■「롤러」를 익히게 하자

프리스비에 대한 두려움을 없애준다.

「롤러」란 프리스비를 굴려 개한테 물어오게하는 방법입니다. 이거라면 강아지라도 즐길 수 있고 또한 뛰어오르지 않으므로 발에 부담도 안가지요. 이 놀이를 습득시키면 회전하는 프리스비를 두려워하지 않게됩니다. 그저 볼을 쫓는 기분으로 연습할 수 있습니다.

롤러를 익혀보자

프리스비를 두려워하지 않게 된다

■ 슬라이더를 익혀보자

처음이라도 손쉽게 물어온다

프리스비를 뒤집어서 지면을 향해 미끄러뜨리는 방법입니다. 뒤집음으로서 미끄러뜨리고 물기 쉬워지므로 처음 시도하는 개라도 손쉽게 물 수 있습니다.

뒤집어서 지면에 슬라이드

뒤집으면 물기 쉬어진다

■ 권장할만한 긴줄은? ■

「캐치」 연습도중 등 긴 줄은 반드시 챙기도록 합니다. 개를 싫어하는 사람들도 많이 있는 법입니다. 최근에 얇은줄이 많이 판매되고 있습니다만 지나치게 얇은 줄이면 사용하기 어렵고 권장해 드릴 수도 없습니다. 바른 줄이 가장 안성맞춤입니다.

긴 줄은 연습의 필수품

연습은 단계별로
로마는 하루 아침에 이루어지지 않았다 ④

4단계 : 프리스비를 가지고 오도록 가르치자

개로 하여금 가져오게 하는 것은 매우 수준높은 훈련입니다. 만약 여러분이 명령하고 말한 물건을 개가 물어 가지고 온다면 이 훈련은 완벽한 것입니다. 이 점이 프리스비 독에서 중요한 요소이며 다른 개 스포츠와는 전적으로 다른 부분입니다.

착하지 그래

공을 이용해 연습개시

■ 「가져오기」의 훈련방법

행동과 말로 칭찬한다

① 우선 장난감, 공 등(개가 가장 좋아하는 물건)을 사용해 손 앞에까지 가져오는 연습을 시작합니다. 처음에는 꽤 어려울거라 생각합니다만 분발해서 연습합시다.

② 처음에는 그저 1~2m 떨어진 곳에 공 등을 던져 물면 바로 손앞에까지 줄로 개를 당겨 커다란 액션과 칭찬의 말로 개를 칭찬해 주십시오.

③ 이게 습관이 되면 개는 가져오면 칭찬 받는다는 사실을 배우게 됩니다. 또한 연습횟수에도 제한을 둡니다. 개가 질릴 때까지 해서는 안되기 때문이죠.

④ 쭈볏거리며 가져오기 망설이는 녀석에게는 그것을 잡아당기며 놀아주십시오. 그러는 사이 그 놀이가 즐거워져서 자연히 손앞까지 가져오게 됩니다.

⑤ 이것이 능숙해지면 「덤벨」 등 다른 사물로도 연습해주십시오.

1~2m 떨어진 곳에 공을 던진다   개를 손앞까지 줄로 잡아당긴다

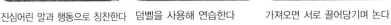

진심어린 말과 행동으로 칭찬한다   덤벨을 사용해 연습한다   가져오면 서로 끌어당기며 논다

■「가져오기」가 서투른 개의 연습방법

확실히 가져오게하는 방법은

「가져오기」가 그다지 뛰어나지 못한 개를 위해 다음과 같은 2가지 훈련 방법을 권장합니다.

① 개한테 프리스비를 물린채 사람이 개와는 반대방향으로 달립니다. 그러면 개는 사람을 쫓아옵니다. 사람이 있는곳으로 확실히 가져오게하는 연습방법입니다.

② 개와 사람이 거리를 두고 서서 한 가운데 뒤집은 프리스비를 놔둡니다. 명령으로 개에게 물어 가져오게한 뒤 그 상으로 프리스비를 던지며 놀아 줍니다. 손 앞에 까지 오지 않고 앞에서 프리스비를 놔버리는 개에게 권장할만한 훈련방법입니다. 이상 둘 중 어느방법이라도 「가져오기」가 약한 개한테 응용해 보십시오.

개와 반대방향으로 뛰면 개는 쫓아온다

프리스비를 물어가져오면……

앞에서 프리스비를 놓는다

사람과 개 중간에 프리스비를 놔둔다

연습은 단계별로
코미는 하루 아침에 이루어지지 않았다 ⑤

5단계 : 입에서 프리스비를 내려놓는 법을 가르치자

■ 명령에 대한 개의 반응패턴

명령어는 「드롭」이나 「아웃」

입에서 프리스비를 내려놓게할 때는 보통 「드롭」이나 「아웃」이라는 명령을 사용합니다. 여기서는 몇가지의 패턴을 소개합니다.

낚아챈 프리스비를 가져온다

프리스비를 주인앞에 내려놓음

낚아챈 프리스비를 그 장소에서 내려
놓는다

프리스비를 물고서 내려놓지 않는다

① 낚아챈 프리스비를 주인의 손앞에까지 가지고 오는 경우.
  가장 이상적인 패턴입니다. 개는 빨리 돌아오면 바로 또 던져 줄거라는 사
  실을 알고 있습니다.

② 낚아챈 프리스비를 주인앞에 내려놓는 경우.
  이 패턴이 가장 많으며 대부분의 선수가 이 문제로 고민하고 있습니다.

③ 낚아챈 프리스비를 그 장소에 내려놓는 경우.
  주로 프리 프라이트경기에서 사용됩니다.

④ 프리스비를 물어 가져 오지만 내려놓지 않는 경우.
  많은 사람들이 이 문제로 골머리를 앓고 있습니다.

■ 프리스비를 문 채 내려놓지 않는 개의 해결방법

드롭=캐치?!

이 유형의 개는 주인에게 프리스비 건네주기를 싫어합니다. 사람도 개한테 프리스비를 물리면 좀처럼 내려놓지 않기 때문에 물리지 않지요. 서로 이런 악순환이 계속됩니다. 그렇다면 어떻게하면 좋을까요? 사고방식을 바꿔봅시다. 개한테 「캐치」→「드롭」→「캐치」→「드롭」……을 반복시킵니다. 이처럼 개와 사람과의 「프리스비, 물어, 놔」게임을 가르칩시다. 처음에는 개가 좀처럼 내려놓지 않을거라 생각합니다만 「드롭」 다음에 바로 「캐치」 시킵니다. 즉 「드롭」= 다음 「캐치」라는 식으로 가르칩니다. 이 연습으로 많은 개가 프리스비를 내려놓게 되었습니다. 처음에는 어려울지도 모르겠습니다만 단념하지 말고 노력해 주십시오.

싫어하는 개와 물리지 않는 주인 –
악순환의 반복

개와 함께 즐거운 생활

연습은 단계별로
로마는 하루 아침에 이루어지지 않았다 ⑥

6단계 : 거리를 늘려 가져오는 연습을 하자

　자, 이제 여러분의 개는 자신의 1m정도 앞에서 날고 있는 프리스비를 공중에서 낚아챌 수 있게되었습니다. 다음은 넓은 광장 떨어진 곳에서 낚아챈 프리스비를 가져오게 하는 단계로 나아가볼까요. 드디어 프리스비 독 경기의 주요종목 「디스턴스」연습입니다. 이 경기는 2가지 파트로 되어 있습니다.

①프리스비를 공중에서 낚아채는 것
②공중에서 낚아챈 프리스비를 주인이 있는곳으로 가져오는 것

디스턴스 파트 1-공중에서 캐치　　　디스턴스 파트 2-가져옴

■ 「돌아와」를 가르친다

두가지 효과적인 방법

　대회에서는 줄없이 개를 유도해야 하기 때문에 「돌아와」=「컴」이라는 명령이 중요합니다.

칭찬해 학습의욕을 높이자

개의 의욕을 어떻게 끌어낼 것인가가 관건입니다.

1 복종훈련방법에 의한 조련방법

개를 여러분들 앞에 두고 줄로 유도해서 불러들입니다. 손앞에 까지 오면 크게 칭찬해줍니다. 복종훈련으로 충분히 연습해봅시다.

2 프리스비디스크로 학습의욕을 높이려는 경우

여러분의 개는 여러분이 음식을 가지고 있으면 돌아옵니까? 만약 그렇다면 음식보다 프리스비를 더 좋아하게 만들어 버리면 되는 겁니다. 그러면 프리스비를 가진 여러분을 보고 돌아오게 되지요. 즉 「프리스비를 가지고 가면 던져주며 함께 놀아준다」는 식으로 개가 습득하면 되는것 입니다.

복종훈련 1 개를 앞에 앉힌다

복종훈련 2 줄로 손앞에 까지 불러들인다

복종훈련 3 오면 진심으로 칭찬해 준다

연습은 단계별로
로마는 하루 아침에 이루어지지 않았다 ⑦

7단계 : 조금씩 거리를 늘려가며 연습해보자

다음은 더 멀리 던져봅시다.

■ 수십 cm 부터 시작……

점차 거리를 늘려나가는게 비결

① 지금까지는 개를 사람 정면에 두고 연습해왔습니다. 하지만 이번에는 좌측에 둡니다.

② 우선 지금까지와 마찬가지로 개의 얼굴로 부터 수십 ㎝ 떨어진 곳으로 프리스비를 살짝 던져 봅시다

③ 이것을 낚아챌 수 있게되면 개 전방 2m 떨어진 곳으로 던져 봅시다.

④ 이번에는 4m 떨어진 곳으로 던져 봅시다. 그 다음에는 8m입니다.

개를 사람의 왼쪽에 앉힌다

성공하면 2m떨어진 곳으로 토스

다음 4m는 짧은 패스로 투척

4m 다음은 8m
지점에 투척

성공함으로서 개는 즐거움을 알게된다

이 연습의 연장이 디스턴스 경기입니다. 그리고 중요한 건 「성공」시키
는 것, 개가 「즐겁다」고 여기게 해야 한다는 점 입니다.

연습은 단계별로
포기는 하루 아침에 이루어지지 않았다 ⑧

지금까지 연습은 낯익은 장소에서 해 왔습니다만 이번에는 낯설은 장소에서 시도해보십시오. 경기에 참가하려면 이 연습은 중요합니다. 소심한 개한테는 매우 어려운 일입니다. 주인은 품종으로 개를 판별하는 법입니다만 개에게는 각각의 성격이 있습니다. 품종이 같다고 해서 안심하지 말고 평소때부터 여러 상황, 환경에 적응시켜 성장시켜 나갑시다. 소심한 성격을 가진 개는 보다 다양한 환경에 적응시키면 좋을것입니다. 역에 데려간다거나 슈퍼마켓앞에서 기다리게 하는 등 외부환경에 점차적으로 적응시켜 나갑니다.

보다 높은 수준을 위한 비법 특별강좌

지금 이대로도 애견과 프리스비를 즐기는데 무리는 없지만 조금 더 나아져서 경기에서도 보다 좋은 성과를 올리고 싶다는 분에게 유익한 기술을 소개합니다. 이들 기술을 습득하는 것만으로 「어라!」라는 탄성이 나올 정도로 애견의 움직임이 좋아지며 여러분의 기술도 향상되어 놀랄 정도의 성과가 나올거라 보증합니다.

테크닉 1 　많은 대회에 나간다

개의 낯선 장소나 환경에 대한 적응능력은 본능적인 부분도 있습니다만 여러 가지 경험을 쌓아감에 따라 큰 차이가 생겨납니다. 예를들면 처음으로 경기장에 온 개한테 있어서는 주변 환경은 충격 그 자체인 것 입니다. 수많은 사람과 개, 시끄러운 음악 등, 보거나 듣는 것 모든 것이 새로운 경험이므로 그 안에서 경합을 벌인다는건 정말이지 큰일이 아닐 수 없습니다. 개를 사회화기에 있는 어릴적(생후3~16주정도)부터 여러가지 환경에 부딪혀보게 합시다. 인파 속으로 데리고 나가거나 자동차 소음에 적응시키는 것도 좋겠지요. 또한 소규모의 지역대회에 가능한한 자주 참여시킵니다. 그럼으로서 애견은 커다란 자신감을 얻게 되겠죠. 물론 여러분에게 있어서도 이러한 경험은 분명히 커다란 힘이 되어줄 것입니다.

테크닉 2 | 라운드 테크닉에서 디스크 궤도는 왼쪽 커브

보통 디스턴스경기에서는 개를 사람 오른쪽 주변에서 달리게합니다. 그 이유는 하이저(프리스비디스크가 왼쪽으로 돌아오게끔 날리는 기술)라는 궤도로 날리기 위함입니다. 여러분은 왼쪽으로 디스크가 떨어져 가도록 조절합니다. 이렇게하면 개는 자신을 향해 디스크가 떨어져 오기 때문에 낚아채기 쉬운 것이지요. 만약 오른쪽으로 돌아오는 궤도였다면 개는 쫓아가지 않으면 안될 뿐더러 낚아채기도 어려워집니다.

결국「개는 왼쪽, 디스크는 오른쪽에서 왼쪽으로」가 기본이지요. 만약 여러분이 던지는 디스크궤도가 오른쪽으로 흘러가고 있다면 당장 고치는 연습에 들어갈것을 권장합니다. 그런 경우의 대부분은 손목이 돌아와 버리는게 원인입니다. 세게 채찍을 내려치듯이 스냅을 이용하는 것이 이 버릇을 고치는 좋은 방법입니다. 꼭 시험해보십시오.

테크닉 3 | 캐치 기술은 어렸을 때부터 자주 접촉한다.

독캐치는 프리프라이트의 중요한 트릭(기술)입니다. 특히 프리프라이트를 목표로 하는 분에게는 매우 중요한 기술이지요. 왜냐하면 여러분의 연기를 보다 부각시켜 주는 굉장한 기술이기 때문 입니다. 주인이 개한테 멋진 캐치를 시도하게 하는 이 기술은 보고있는 사람들에게 감동을 주고 심판이 보기에도 고득점 대상으로 보이게끔 하는데 부족함이 없지요. 본고장인 미국선수는 모두 독자적인 스타일을 지니고 있습니다. 여러분과 개의 팀워크는 이 기술로 판가름이 날수 있지요. 연습의 요령은 개가 어렸을 때부터 여러분을 가까이 하거나 안기는

87

것에 적응시켜두는 것입니다. 또한
이는 나중에 볼트계(몸의 일부분을
발판으로 삼는 기술)을 가르칠때도
지름길이 됩니다.

어렸을
때부터

테크닉 4 각도를 맞춰서 던진다

이것은 좀전에 설명했던 디스크 궤도와 관련 있습니다. 이 궤도는 바람에 강
해 멀리 던질때도 필요한 기술이지요. 실력향상을 노리는 분에게는 꼭 습득해두
셔야 할 기술에 하나입니다. 요령은 각도(디스크를 놓았을 때 각도)를 맞춰 던지
는 것입니다. 그러면 여러분의 프리스비는 보다 아름답고 멀리까지 날아 갑니
다. 계속 연습해서 이상적인
각도를 찾아냅시다.

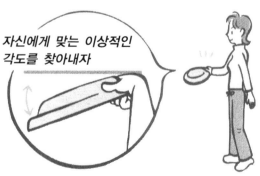

자신에게 맞는 이상적인
각도를 찾아내자

프리스비 독 경기에
참가하자

경기를 즐기자!

참가해야만 알 수 있는 경기의 매력

화려하게 점프해서 프리스비를 낚아채는 프리스비 독은 보고 있는 것만으로도 박력이 넘치며 그 매력을 십분 즐길 수 있습니다. 하지만 경기에 참가해야 그 진정한 매력을 몸소 느낄 수 있는 법이지요. 여기서는 프리스비 독 경기의 매력을 참가하고 있는 선수의 입장에서 소개합니다.

매력 1 「본다」 웃음이 있고, 눈물이 있으며, 감동이 넘친다

프리스비 독은 멋진 스포츠입니다. 특히 한해의 챔피온을 결정하는「파이날」대회의 입상대상자를 가리는 경기에서는 고도의 기술, 정열이 불타 오르는 플레이, 치열한 점수 경쟁이 펼쳐집니다. 그 중에는 화려한 볼거리나 개인기를 펼치는 선수도 있어 그야말로 웃음과 눈물 그리고 감동 그 자체입니다! 그 긴장감과 박력은 경기장이 아니면 맛볼 수 없는 즐거움이지요.

매력 2 「듣는다」 DJ 덕분에 기분은 벌써 스타─

　프리스비 독협회에서는 경기장의 분위기 메이커도 한 몫을 담당하고 있습니다. 그 중에서도 가장 눈에띄는 것은 MC(아나운서)입니다. 감도좋은 배경음악에 목소리를 더한 DJ의 실황중계가 경기장의 분위기를 한층 고조시키는 장면을 지켜보는건 즐거운 일. 출전한다면 더할나위 없습니다. 한사람 한사람씩 호명하며 자신의 경기를 실황으로 중계해 주니까요. 날아갈 것 같다는 기분은 이럴 때 쓰는말이 아닐까요! 코트에 있는 동안만큼은 스타가 된 기분을 만끽할 수 있습니다.

DJ의 실황중계가 분위기를 한층 돋구어 준다

매력 3 「음미한다」 낚아채기가 성공하면 기분최고!

원정을 떠나기에 앞서 맛있는 음식을 먹고 마시는 것 또한 커다란 즐거움
이겠지만 여기서 소개하고 있는 즐거움은 혀가 아닌 「마음」으로 음미하는 부
분입니다. 경기니까 순위가 결정되는건 당연한 것. 게다가 참가한 이상 누구
라도 보다 나은 순위를 차지하고 싶은건 인지상정입니다. 때문에 일단 코트
에 들어서면 평소 느낄 수 없는 부담
및 긴장감이 한꺼번에 밀려옵니다.
이런 긴장된 분위기속에서 「스로」나
「캐치」가 성공하면 그야말로 기분상
쾌! 오버액션마저 나와버립니다. 대
부분이 그 반대라고 하시면 뭐 사실
은 그렇습니다만…. 이 긴장감이나
상쾌감 그리고 때로는 좌절감마져
도… 코트에 서보지 않으면 절대로
음미해 볼 수 없습니다.

호흡이 척척. 이것이 성공의 비결

매력 4 「할수 있다」 우리는 순수한 동지

이러한 대회에서는 여러 사람과 만날 수 있습니다. 그리고 그 만남에는 상
대의 사회적 지위나 직업, 그런 일반적인 사회관념 따윈 필요 없지요.「개」라
는 공동의 관심사만이 대화로 이어지지요. 때문에 어떤 의미로는 「그냥 친
구」가 될 수 있는 것 입니다.

또한 한가지 더 가능한 것이 있습니다. 그것은 개와의 보다 나은 관계입니
다. 어떤 교범을 보면 「개는 칭찬하며 가르치세요」라고 씌여있습니다. 단지
그 칭찬하는 방법이 평소 일상생활 안에서는 상당히 어려운 법이지요. 그러
나 대회에서 낚아채기를 성공하고 돌아왔을 때 주인은 자연히 진심으로 미

가져오면 진심으로 미소가 우러나온다

낚아채기가 성공하면 기분최고!

애호가들과의 대화도 즐거움의 하나

소를 애견한테 보여줍니다. 이 미소야말로 주인이 그들에게 바라는 것을 이해시키며 애견과의 보다 나은 관계를 형성하는 것입니다. 또한 프리스비 독의 경우는 막연하게 「행동양식」을 고집하는게 아닌 「우선 한번 낚아채기」나 「더 멀리」라는 공통의 목표를 점차적으로 지닐 수 있어 그것이 매일 연습에 반영되어 나중에는 「분발」할 수 있는 것입니다. 프리스비 독은 스포츠인 동시에 애견과의 대화인 것이지요.

규칙을 지켜 모두 경기를 즐기자!

경기 규칙과 매너

■ 신뢰관계를 구축하는 것이 진짜 목적

여기서 명심해야 할 부분은 프리스비 독의 목적입니다. 주인과 애견이 팀을 이루어 실시하는 스포츠이므로 경기에서는 순위가 가려지고 일단 경합을 벌이는 참가자들인 이상 보다 나은 순위를 차지하고 싶은건 당연합니다. 그러나 사람이 벌이는 스포츠와 마찬가지로 등수가 전부는 아닙니다. 애견과 대화를 나누고 사람과 개가 서로 건강한 몸을 유지하며 보다 깊은 신뢰관계를 구축하는 것이야 말로 진정한 목적인 것 입니다.

즐거운 시상대. 하지만 애견과의 신뢰관계가 더욱 중요

■ 가장 중요한 원칙은 주인과 애견이 한팀이 되는 것

아무리 뛰어난 프리스비 독이라도 그 생활의 대부분은 「애완견」으로서 우리가족의 일원으로 살고 있습니다. 그리고 그 애견과 대화를 나누고 함께 즐기면서 신뢰관계를 구축해가는 수단으로서 프리스비 독이 있는것입니다. 때문에 프리스비 독 경기에서는 「주인과 그 애견이 한팀이 되어 참가할 것」이 가장 중요한 원칙입니다.

경기를 끝낸 후 서로 건투를 치하하는 팀

■ 경기장 이용시 주의

기본적인 매너만 지키면 충분

개의 변이나 쓰레기, 담배꽁초등을 집으로 가지고 돌아가는 것은 당연합니다만 경기장안은 거의 대부분이 공원이나 시냇가와 같은 공동구역이므로 장소를 빌리기에 앞서 여러가지 제약이 따르는 경우가 많습니다. 풀밭위 주차는 당연히 금물이며 화기사용에 있어서도 석탄 및 불의 직접사용은 금지되어 있고, 경기장에 따라서는 테이블 위에서 가스난로를 사용할 수 없는 곳도 있습니다. 또한 일반분이나 견학하러 오신 분도 계시기 때문에 개를 풀어놓고 산책하거나 연습해서도 안되며 좁은 경기장에서는 사고방지를 위해 코트밖에서의 던지기연습도 금지되는 경우가 있습니다. 그 밖에 경기장안에서의 캠프설치 금지나 화장실, 수도등과 같은 공공시설 사용에 있어서도 제약사항이 따르는 경우도 있습니다.

만약 이러한 금기사항이 지켜지지 않는 경우, 이 후 경기장으로 이용할 없게 되버릴 우려마저 있으므로 부디 주의하여 주십시오.

경기참가자격

모든 경기에 있어 「광견병예방백신접종」를 마친 개 이외의 개는 참가할 수 없다.

명백한 동물학대로 보이는 행위를 일삼고 있는 주인은 참가할 수 없다. 또한 일반적인 상식인으로서 애견가의 도덕과 매너를 준수하지 않는 선수는 참가할 수 없다

발정기에 오른 개는 참가할 수 없다.

운영. 경기, 견학자들에게 뚜렷한 피해를 끼치는 사람이나 개는 참가할 수 없다.

경기장안에 있어 거부감을 일으키는 모든 행위나 스포츠에 적절하지 못한 과도한 음주행위에 대해 주최자 판단에 따라 견학자도 포함해 퇴장조치를 실시한다.

■ 개관리를 소홀히 하지 마세요

사고에 주의 · 피해를 끼치지 말 것

경기장에서는 평소 만날 수 없는 동료가 모여 이야기꽃을 피우는 경우도 종종 있습니다. 단지 그런때라도 「개의 관리」를 소홀히 해서는 안됩니다. 잠 깐 눈을 판 사이 다른 사람 또는 개를 물거나 우리안에서 계속 짖어대거나

경기중인 코트안에 난입하여 경기를 망쳐버리지 않도록 유념하여 주십시오. 그렇다고해서 우리안에만 가둬놓아서는 안됩니다. 개한테 정신적으로 불필요한 스트레스를 주지않도록 신경쓰는건 주인으로서의 책임입니다.

동료와 이야기꽃을 피우는 동안에도 개의 관리는 소홀이 하지 말도록

■ 경기진행을 확인하여 여유를 가지고 준비하자

등록은 반드시 접수시간 안에 끝내 주십시오. 시간안에 접수를 끝마치지 않았을 경우 등록취소 되버리는 경우가 있습니다. 그리고 각 경기가 시작되면 원활한 진행이 이루어지도록 접수때 넘겨받은 프로그램을 잘 확인하고 자기순서가 되기전에 화장실이라도 다녀온 후 코트 옆에서 대기하도록 합시다. 이것은 프로그램을 원활하게 진행시키기 위해서 뿐만 아니라 코트 안에서의 방료행위로 실격당하는 사고를 막기 위해서 입니다. 또한 경기전에 개를 우리밖으로 데리고 나와 집중력을 높여두는게 필요하므로 여유를 가지고 준비하십시오.

■ 개회식에는 꼭 참석 하라

일찍 경기장에 도착해 여유를 가지고 짐을
옮기거나 텐트자리를 봐 두고 지정된 시간에
접수를 끝마치면 다음은 개회식입니다. 경기
진행과 프로그램의 변경, 경기규칙의 주의
점, 경기장사용시 주의점 등 중요한 사항도
있으므로 경기에 참가하는 분은 꼭 참석할것
을 권장합니다.

접수는 반드시 시간안에 끝내두자

■ 관중의 매너와 주의 사항

대회를 관전하거나 자신의 차례를 기다리고 있을 때 지켜야할 주의사항이
있습니다. 우선 식사를 하거나 차를 마시는 건 좋습니다만 과도한 음주는 스
포츠를 즐기는 장소에서는 그다지 어울린다고 할 수 없습니다.

경기참가자나 운전하는 사람뿐만이 아니라 같이 온 분들도 지킬건 지켜가
며 즐겨주셨으면 좋겠습니다. 그 밖에 코트 옆에서 순서를 기다리고 있는 팀
은 사람은 물론 개도 자신들 나름대로의 방법으로 집중력을 높이고 있습니
다. 함부로 다가가서 개를 쓰다듬거나 하는 행동은 예의에 어긋납니다. 경기
가 끝나기를 기다리던지 조금 떨어진 곳에서 불러보든지 하여 주십시오.

경기 참가자에게 말을 거는 것은 경기가 끝난후에

■ 경기참가자의 예의와 주의사항

코트 주위에서 던지기 연습을
하는 경우 코트 안으로 프리스비
를 던져넣어 경기를 방해하지 않
도록 주의해 주십시오. 경기중에
가장 주의드리고 싶은건 도망과
방뇨행위입니다. 도망은 10초이
상 또는 2번의 도망으로, 방뇨행
위는 그 자리에서 경기가 중단되

대기할때도 줄을 매달것

어버립니다. 대기하고 있는 동안에 집중력을 높여 경기에 집중시킬 필요가
있습니다.

그래도 도망갈 우려가 있는 개의 경우는 줄을 매달아 위치 확보를 용이하
게 한 후 경기종료후라도 코트안에서 줄을 매다는 등 개를 신속하고 정확하

경기중에도 줄을 매달아 도망방지

게 데리고 나가 주십시오. 코트 밖에 줄을 매달지 않은 개가 있는 경우 코트 안으로 난입할 우려가 있기 때문에 다음 경기가 시작되지 않습니다. 코트 안을 벗어나면 줄을 매다는게 규칙이라는 사실을 명심해 주십시오. 또한 방료 행위도 바로 다음 팀이 경기에 집중할 수 없게 되는 원인이 될 수 있으므로 반드시 사전에 화장실에 다녀와 주십시오.

　이상 여러가지 적어보았으나 그리 심각하게 생각할 필요는 없습니다. 개를 사랑하고 애견과 함께 프리스비 독을 즐기고 싶다는 분이며 개를 키우는데 있어 지켜야할 당연한 행동이라 여기고 배려해주신다면 누구라도 참가할 수 있습니다.

경기장에 애견을 데리고 가자!

이용가능한 교통수단은? 주의점과 안전대책

경기에 참가하기위해 애견을 데리고 가려면 여러가지 교통수단의 이용을 생각해볼 수 있습니다. 여기서는 어떠한 교통수단이 있으며 그러한 교통수단을 이용할 경우의 주의점에 대해 소개합니다.

■ 자동차로 데리고 가자

운전석에는 앉히지 마세요

대부분의 분들이 자동차를 이용하고 계시겠죠. 운전하는 분은 힘들겠지만 시간의 여유를 가지고 출발하면 사람은 원하는 시간에 휴식을 취하거나 잠을 잘 수 있으며 개도 적당히 산책을 즐길 수 있고 배변 또는 배뇨걱정도 필요없습니다. 단지 개를 운전수의 무릎위에 태우는 행위는 개가 운전의 방해가 되는 동시에 급정거를 했을 경우 개가 의자에서 튕겨나와 상처입을 우려도 있으므로 매우 위험합니다. 특히 장거리 이동시에는 우리를 이용하는 편이 좋습니다.

■ 개집의 주의점

한 치수 작은 사이즈로

그렇다면 개집을 사용하기에 앞서 주의점을 소개합니다. 우선 첫번째 조건으로 평소부터 우리에 적응시켜둘 필요가 있습니다. 우리에 익숙하지 못한 개를 갑자기 밀어넣어서는 정신적인 스트레스를 안겨주는 결과를 초래합니다. 또한 자동차 안에서 사용하는

우리는 집안에서 쓰는것보다 한 치수 작게하는 쪽이 좋을 것 같습니다. 우리 안에서 웅크리고 잘 때 벽이 버팀목이 되어 차안에 둔 좌석처럼 개의 몸을 감싸줘 안정시켜 주기 때문입니다.

■ 다른 교통수단을 이용하는 순서

그러면 자동차 이외에 어떤 교통수단이 있는지 또 어떤 절차를 밟아야 좋을지, 이용할 경우의 주의점 등에 대해 소개합니다.

① 비행기를 이용한다

비행기객실에 애완동물을 태울수는 없습니다. 때문에 「수화물」로서 화물실에 태우게 되지요.(따로 보낼 경우나 초대형 개의 경우는 화물로 취급합니다). 절차로서는 우선 사람이 탑승수속을 마친 후 수화물 카운터에서 표를 제시하고 애완동물용 표를 구입합니다. 그 때 필요서류에 기입하고 우리에 넣어 개를 맡기면 절차완료입니다. 요금은 개와 우리의 총중량에 비례하며 각 항공회사 규정에 따라 수화물 요금을 지불합니다.

② 전철을 이용한다

지정된 크기의 우리나 쇼핑백을 이용하면 철도회사 규정에 따라 태울 수는 있습니다. 다만 소형개 이외의 개를 태우는 건 무리인 것 같습니다.

③ 배를 이용한다

대부분의 회사가 「차안 대기」입니다만 안에 애완동물 전용방을 구비해 놓은 회사도 있습니다. 또한 같은 「차안 대기」라도 개를 데리고 나와 갑판 위로 올라갈 수 있는 회사도 있는 반면 방범이나 위험방지를 위해 항해 중 갑판으로의 출입마저 불가능한 회사도 있는 등 각 회사마다 대응방식이 천차만별인게 현실입니다. 이용하시고자 하는 선박회사로 미리 연락해 확인할 필요가 있을 것 같습니다.

상처나 신체기능저하의 예방과 대책

이동중이나 경기장에서 이것만큼은 주의!

■ 이동중에는 우리에 넣어두는게 최고

일반적으로 우리에 개를 넣어 이동하는 방법이 보편적이라고 생각합니다. 조수석 등은 충돌사고를 일으킨 경우 앞유리가 깨져나와 중상을 입거나 죽음에 이를 수 있지요. 우리는 개 몸집에 맞는 것을 고르십시오. 기본적으로 개가 일어서서 방향을 못바꿀 정도면 충분합니다. 신경질적인 개는 좁을수록 안심한다는 것 같습니다. 세로로 높이고 가로로는 좁힌 특수주문한 우리를 사용하고 있는 분도 있습니다.

■ 이동 중 개의 건강관리

① 이동 전에는 음식을 주지않는 편이 좋다

사람과 마찬가지로 개도 차멀미로 고생합니다. 개의 경우는 반고리관이 발달되어 있어 민감하게 진동을 감지합니다. 때문에 차 멀미를 하는 것이지요. 기본적으로 차로 이동할때는 음식을 먹이지 않는게 상식입니다. 또한 프리스비 독은 경기에 출전하는 개이므로 몸에 부담을 주지않기 위해서라도 삼가는게 좋습니다. 개의 경우 내장기관, 특히 소화기관은 이동시 발생하는 약한 진동에도 거의 움직이지 않기 때문에 몸에 부담이 오거나 움직임이 둔해져 피로함을 느끼게 되죠. 장거리 이동의 경우 음식을 주지않는 편이 개한테 있어서도 바람직합니다. 장거리의 경우는 사람도 2~3시간이면 집중력이 떨어져 피로해지기 때문에 주차장 등지에서 휴식을 취하며 개도 밖에 내보내 산책 등으로 기분전환을 시켜 주십시오.

②여름에는 특히 주의

한편 여름에 차로 이동할때는 개한테 몇배나 더 주의가 필요합니다. 개는 더위에는 꼼짝 못하기 때문입니다. 기온이 올라가면 개의 몸전체에는 땀샘이 없기 때문에 입을 열고 혀를 내밀어서 체온을 내리는 것이지요. 극단적인 예입니다만 신체온도가 2도 올라가면 한 겨울에도 몸을 식히기위해 강물에 뛰어드는 개도 있을 정도입니다. 그 모습에 화를 내는 주인도 있는 것 같습니다만 자신의 몸을 지키기 위한 개의 방어 본능인 것이지요. 가장 위험한 건 사람이 한 여름에 일으키는 사고입니다. 차에 아이를 놔둔채 에어컨을 켜두면 괜찮을거라 생각하고 그 장소를 떠나 아이가 일사병에 걸려 해마다 몇

건씩 탈수증세로 사망하는 사고를 뉴스 등에서 보거나 듣지요. 결코 차안에 놔둬서는 안됩니다. 산책할 때도 주의가 필요합니다

사람이 여름에 털가죽을 뒤집어 쓰고 맨발로 도로를 걷고있는 상황을 상상해 보십시오. 한여름에 산책은 바로 이런것입니다. 혹시 개가 일사병 증세를 보인다고 생각되면 우선은 몸을 차갑게 하고 가까운 수의사한테 보여주십시오.

코트밖에서는 개에 줄을 매달아 이동

■ 경기장에 들어간뒤의 주의와 사고

① 예방접종이 출장조건

경기장에서의 주의사항은 자신의 애견이 예방접종 등 예방주사를 맞았는지에 대한 여부가 검사대상이 된다는것입니다. 프리스비 독경기에는 예방접종을 받지않은 개는 출장할 수 없습니다. 반드시 받아두십시오.

자기순서 10번째 전까지는 대기

② 그늘 등 개가 안심할 수 있는 장소를 확보

경기장에서 코트안 이외 장소에서는 개한테 줄을 매달아 이동합니다. 그러나 줄이 달려있어도 경기장에는 다른 개도

주최자의 설명이나 방송에도 주의가 필요

개와 함께 즐거운 생활

많이 와 있으므로 개들끼리 싸움을 일으키지 않도록 주위에 충분한 주의를 기울여 주십시오. 그리고 개가 안심할 수 있는 장소를 확보합니다. 우리등에 넣어 잘 짖어대는 개라면 천 등으로 덮어서 주위를 못보게 도와주면 안심하고 얌전해질거라 생각합니다. 기온이 올라가는 계절에는 풀 등으로 그늘을 만들고 음료수를 충분히 준비해 둡시다.

③ 화장실은 미리 다녀오자

코트안에서는 줄을 사용하지 않기 때문에 개가 도망가지 않도록 주의해주십시오. 또한 대회경기종목이나 자기순서를 잘 확인해서 적어도 자기앞 10번째 정도 전에는 개를 산책시키고 볼일을 보게한 후 대기하도록 합시다. 대회운영측의 주의사항도 잘 듣고 따라 주십시오. 모를때에는 주변사람에게 부담없이 물어보면 기꺼이 가르쳐줄겁니다.

이상이 경기장에서의 주의사항입니다. 이후는 팀플레이와 해당 경기에서 성적이 좋든 나쁘든간에 다음 대회를 위해 분발해주십시오. 분발하면 분발할수록 개와의 신뢰관계는 깊어지고 이 스포츠의 즐거움을 알게 되리라 생각합니다.

성적은 신경쓰지말고 애견과 경기를 즐기자 !

어떤 종목의 대회가 있을까?

여러분은 어떤 경기에 참가합니까?

이제 여러분과 애견도 숙달되서 자신이 생겼습니다.

「대회에 나가볼까나」라고 혹시 생각하기 시작한건 아닐런지요? 그리고 근처에 프리스비를 즐기는 동료의 권유로 여러분도 참가할지 어떨지 애견에게 물어보고 있지는 않으십니까? 어떤 대회가 있으며 무슨 경기가 열리고 있는지 알면 프리스비 독 대회에 대한 흥미는 깊어지며 참가의사 또한 굳어지리라 확신합니다. 여기서는 그런 여러분을 위해 프리스비 독대회에 대해 이야기해 보겠습니다. 프리스비 독 대회에는 3가지 부문이 있습니다. 그것은 A. 디스턴스 부문 B. 롱 디스턴스 부문 C. 프리 프라이트 부문의 3가지지요. 이들 부문에는 무슨 대회가 있는지 알아볼까요.

3사람(?)의 호흡이 들어맞아야 된다는게 조건인 팀경기

■ 디스턴스 부문

항목이 가장 많은 부문이며 각 항목마다 등급별로 나눠져있습니다. 프리스비를 낚아챈 거리를 더한 득점으로 우열을 가리는 경기.

●공식 시리즈 선수권

디스턴스부문에 있어 가장 높은 수준의 종목이며 규칙상 선수의 기술도 필요하다

●공식 레이디 선수권

선수가 여성만으로 한정되어 있는 종목. 60초 동안 낚아챈 점수로 우열을 가린다. 예선은 2라운드, 결승은 1라운드로 진행된다.

필드규모 : 길이 62.5m, 폭 25m

드로잉 범위 : 시작 폭 9m, 후방 5m

●소형개대회

개의 운동능력 차이를 고려한 종목이며 소형개만으로 진행됨.(웰슈코기, 잭 러셀 테리어, 비글, 시바개 등과 같은 소형개가 참가 가능).

●시니어독대회

개의 나이가 7살이상으로 한정되는 종목.

●페어대회

2사람의 선수가 교대로 던지는 종목 이며 남여 또는 부모와 아이조합이 있다.

이상과 같은 대회는 45초동안 낚아챈 점수로 우열을 가린다. 예선은 2 라운드, 결승은 1라운드로 진행된다.

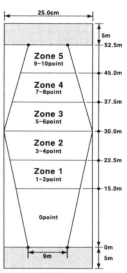

JFA공식코트

필드규모 : 길이 55~62.5m, 폭 20~25m

드로잉 범위 : 시작 폭 9m, 후방5m

●비기너(Beginner) · 챌린지(Challenge)대회

초보자(선수 및 개)용 종목.

●어린이대회

선수가 초등학생까지로 한정되는 종목.

●래트리브(Retrieve)대회(가져와 대회)

지금부터 프리스비 독에 도전하려고 하는 초보단계용 종목이며 프리스비에 국한되지 않고 장남감, 공 등 뭐든지 사용가능. 이상과 같은 대회는 60초동안 낚아챈 점수로 우열을 가린다. 예선 1라운드, 결승 1라운드로 진행된다.

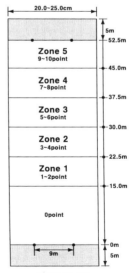

JFA오픈코트

단 챌린지(Challenge)대회는 45초동안 예선 2라운드, 결승 1라운드로 진행
왼다.

　필드규모 : 길이55~62.5m, 폭20~25m

　드로잉 범위 : 시작폭 9m, 후방 5m

■ 롱 디스턴스 부문

●공식 롱 디스턴스 선수권

프리스비를 던져 개가 낚아챈 위치까지를 한 투척이 끝날 때마다 계산해 합
산, 그 거리로 우열을 가리는 종목. 90초, 1라운드방식 프리프라이트선수권

●90초를 1라운드로서 2라운드(자유유형)와 60초동안의 디스턴스 합계점수로 우열을 가리는 종목.

자유항목은 다음과 같이 4가지로 나눠진다.

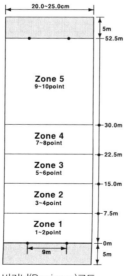

비기너(Beginner)코트

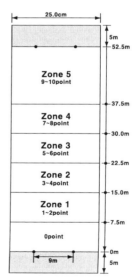

챌린지(Challenge)코트

① 완성도 : 캐치율, 기술(트릭)의 완성도

② 난이도 : 각 기술의 난이도로 결정된다

③ 콤비네이션 : 각 트릭의 조합 및 루틴(전체적인 흐름, 기술의 조합), 디스크 조절 등을 종합적으로 판단한다.

④ 리빙 : 사람 몸을 발판으로 삼지 않은채 개의 도약력을 선보이는 기술(볼트 등)로 측정한다.

* 이상의 4항목을 10점 만점으로하여 심판이 판단, 산출한다

* 각자 준비한 음악과의 균형 및 조화도 가산점 대상, 즉 아이스 스케이트 경기의 자유종목이라 여기면 좋음.

어떻습니까? 이제 무슨 경기에 참가할지 정하셨나요? 처음에는 래트리브 (Retrieve)나 비기너(Beginner)또는 챌린지(Challenge)와 같은 초보자를 대상으로 한 대회에 참가할 것을 권장합니다. 머지않아 상급자, 중급자를 대상으로 한 프리프라이트에 참가할뿐만 아니라 우승의 그날을 꿈꾸며 매일매일 연습에 임해 주십시오. 그러나 가장 중요한건 애견과의 대화임을 명심하세요. 그러면 경기장에서 여러분을 뵐 수 있게 될 날을 기대하고 있겠습니다.

기술에 압도되는 프리프라이트 경기

프리스비 이외에 준비해두면 좋은 물품들은

준비해두면 대회가 더욱 즐거워진다!

애견을 위해 줄, 우리, 음식(물 포함), 음료수, 식기 등을 준비합니다. 야외에서는 어디라도 줄(당김줄)을 매어놓는 것이 원칙입니다. 경기장에서도 코트를 제외하고는 줄을 매도록 되어 있습니다. 애견가의 매너로서 반드시 줄은 매어놓도록 합시다.

■ 개한테 있어 안전하게 쉴 수 있는 우리

경기장이나 연습장소에는 여러 종류의 많은 개들이 있습니다. 넓은곳에 와서 흥분해버리는 개도 있지요. 뜻밖의 사고가 발생하는 것도 이럴때 입니다. 이런 사고를 방지하기위해서는 매어놓기보다 우리 안에 넣어두는 쪽이 보다 안전하며 개한테 있어서도 스트레스를 줄이고 안심할 수 있는 장소를 제공하게 되는것입니다.

■ 물은 반드시 지참. 식기도 마찬가지!

물은 애견을 데리고 외출할때 반드시 챙기도록 합니다. 항상 신선한 물을 마실 수 있도록 해 두는건 중요한 일이죠. 수도 등이 근처에 반드시 있으리란 법은 없으므로 미리 챙겨두면 안심할 수 있습니다. 물을 먹이는 용기나 밥그릇, 공기 등도 꼭 챙깁니다. 외출시간이나 일정에 맞춰 음식을 준비합니다만 이것도 예정된 분량보다 여유분을 준비해두는 편이 좋겠죠.

■ 선수 및 개가 편안히 지낼 수 있는 텐트와 의자

　그 밖에 텐트와 잔디, 테이블, 의자 등을 준비합니다. 경기장에서는 코트 주위에 죽 늘어선 텐트나 잔디를 볼 수 있습니다. 그 안에서 선수가 식사를 하거나 옷을 갈아입지요. 개들도 우리안에 들어가 있습니다. 텐트나 풀밭은 강한 직사광선이나 비, 바람을 막아주고 아늑한 공간을 만들어 줍니다. 경기장이나 연습장소에는 나무그늘이나 바람을 막아줄 수 있는 장소가 거의 없습니다. 때문에 각자 스스로 나무그늘을 만들거나 바람 등을 막을 필요가 있지요. 의자나 테이블을 준비하면 보다 편안하게 보낼 수 있습니다. 경기에 참가할 경우 거의 하루 대부분을 경기장에서 보내게됩니다. 의자나 테이블을 준비해 쉴 수 있도록 합시다. 견학하러 가는 경우라도 의자를 준비해두면 편리합니다. 작고 가벼운 접이식 의자에도 여러 종류가 있으므로 들고 운반하기 편한 것을 사용하면 보다 즐겁고 편안하게 견학할 수 있습니다.

　그 밖에 아이스박스를 준비해두면 언제나 차가운 음료수를 마실 수 있을 뿐더러 더울 때는 개에게 줄 음식도 보관할 수 있겠죠.

견학할때는 접이식 의자가 편리

죽 늘어선 텐트

■ 잔디밭에 안전한 운동화

복장은 자기 마음대로이지만 신발만큼은 운동화를 신는게 규칙입니다. 잔디 위에서 진행되는 경기기 때문에 잘 미끄러지지 않고 걷기 쉬운 신발이 필요하기 때문이지요. 비가 오거나 내린 후에 운동장에서는 장화등을 준비해두면 좋겠죠. 견학할때도 특히 여성의 경우 굽이 높은 신발 등은 넘어지거나 하면 위험하기 때문에 가능하면 굽이 없는 신발을 신도록 합니다. 또한 자연보호차원에서라도 운동화 등 잔디에 안전한 신발을 신는게 중요합니다.

■ 계절에 따른 옷차림에 주의

한 해에 걸쳐 열리는 경기이므로 겨울추위나 장마철 등을 대비한 방한 및 강우대책은 물론 한여름의 햇볕 그을림 예방 등 계절마다 대비방안을 강구해 놓습니다. 비오는 날을 대비한 우비는 반드시 준비합니다. 경기는 비가 와도 열리기 때문에 미리 준비해두는게 좋겠지요. 또한 방한용으로 고성능의 보온능력을 갖춘 제품 등이 판매되고 있습니다. 껴 입어서 온도조절을 잘 해보십시오. 봄 햇볕은 의외로 강하기 때문에 모자 등으로 자외선을 차단하고 그을림에 대비한 대책도 소홀히 하지 않도록합니다. 경기에 참가할 경우 땀이나 비를 염두해 갈아입을 옷이나 타올을 충분히 가져가면 갑작스런 날씨 변화에도 대응할 수 있습니다.

경기장에서 프리스비 독을 촬영하자

셔터기회를 놓치지마세요!

　프리스비 독이나 프리스비 경기에서 사진을 찍을 경우 어떤 카메라와 렌즈를 준비해야 좋을까요? 카메라에도 여러가지 유형이 있습니다. 각각의 기종에 따라 부착되어 있는 기능이 틀립니다.

■ 소형카메라의 특성을 살려 좋은 화면을

　몸놀림이 재빠른 프리스비 독을 촬영하는 경우 비교적 초점거리가 긴 렌즈를 사용하거나 또는 셔터속도를 높이기위해 필름감도가 뛰어난 제품을 사용하면 깨끗하게 촬영할 수 있습니다. 최근 소형카메라는 여러 기능이 추가된 제품이 많고 제각기 카메라의 특성을 갖추었기 때문에 사용하는데 무리가 없습니다.

속도감 넘치는 러닝캐치

화려함 그 자체인 점핑캐치

작은 몸집으로 귀여운 점프

박력만점! 대형 견의 점핑캐치

경기 도중 셔터기회는 어떤 장면일까요? 뭐니뭐니해도 프리스비 독이 프리스비를 낚아채는 순간입니다. 아름다운 점핑캐치, 속도감이 느껴지는 러닝캐치 등, 품종에 따라 각각 다른 개성이 표출 됩니다. 대형견의 역동적인 캐치, 소형 개의 귀여운 캐치 등 다양하죠. 몸놀림이 재빠른 장면이므로 미리 낚아챌 위치를 예측해서 카메라를 맞춰놓는 것도 좋은 방법의 하나입니다. 또한 점프 높이나 속도감을 더욱 표현하기 위해서라도 카메라를 낮은 위치 즉 개의 눈높이에 맞춰 촬영하면 한층 박력있는 사진이 나옵니다. 캐치장면이외에도 셔터 기회는 존재합니다. 시작할 때 개와 선수의 긴장감 넘치는 장면도 촬영하기에 부족함이 없지요. 선수의 긴장한 표정, 그 선수를 물끄러미 쳐다보는 개의 표정 등, 프리스비 독에서는 동적인 장면이 대부분입니다만, 정적인 부분도 흥미있게 촬영하기에 그만입니다.

프리스비가 손을 떠나는 순간 당신의 애견도 달린다

경기장에서 프리스비 독을 촬영한다

■ 촬영장소에 따라서는 뜻밖의 연출도

이와같이 셔터기회는 여러차례 있습니다. 따라서 촬영장소도 일반적으로는 코트 옆이 가장 좋습니다만, 코트 끝으로 가 선수 뒤에서 촬영해 보는것도 뜻밖의 장면을 포착할 수 있습니다. 또한 반대편에서 정면을 노려보는 것도 좋겠지요. 평소와는 다른 개의 표정을 잡을 수 있을거라 생각합니다만 이 경우는 역시 배율이 높은 렌즈가 필요하겠죠.

■ 여러 종류 개들의 다양한 표정을 촬영한다

경기에는 참가하는 개 뿐만이 아니라 견학하러 온 사람들의 개도 많이 있습니다. 그런 개들도 다양한 표정으로 경기를 지켜보고 있지요. 정말로 많은 개들이 모여있으니까 여러 종류의 개들을 촬영하기에는 최고의 찬스입니다. 야외에서 생기 넘치는 개들의 표정을 여러 각도에서 촬영할 수 있습니다. 여러 종류의 개들이 다양한 표정을 보여줍니다.

■ 경기장에서의 예절은 지켜며 촬영하자

주의드리고 싶은건 촬영할 때 반드시 주인에게 말을 걸어 허락을 받으십시오. 개한테 한마디 해주는 것 또한 명심하세요. 경기장면을 촬영할 때 주의할 점은 플래쉬를 사용하지 않을 것. 빛에 민감한 개도 있기 때문이죠. 경기에 방해가 되지 않도록 하는것도 예의의 하나이므로 주의하세요. 코트안에 들어가서도 안됩니다. 규칙과 예절을 지켜 멋진 사진을 촬영하세요.

귀여운 포메라니안도
즐겁게 구경하고 있다.

움직이는 프리스비 독을 촬영하자!

비디오를 능숙하게 촬영하는 방법

비디오 카메라에도 여러가지 종류가 있습니다. 프리스비경기나 프리스비 독을 촬영하려면 어떤 것이 좋을까요?

■ 촬영하기 쉬운 비디오 카메라가 최고

망원기능이 뛰어나거나 초점 맞추기가 빠른 제품 등 다양합니다만 다루기 쉬운 제품이 가장 좋습니다. 몸놀림이 재빠른 프리스비 독을 촬영하므로 들고 다니기 쉬우며 가볍고 소형, 취급이 간단한 제품이 사용하기도 편하겠죠. 너무 무거우면 들고 다니는 것만으로도 벅차고 취급하기도 까다롭겠죠. 손에 들고 촬영하면 아무래도 손이 떨리기 마련입니다. 이런 손떨림방지 기능이 부착되어 있는 제품도 있습니다만 삼각대를 사용해 고정시키면 손떨림방지도 될뿐더러 안정된 사진을 촬영할 수 있습니다.

여러가지 멋진 기술을 비디오로 촬영하자

■ 촬영장소로 코트 옆쪽 중앙을 권장

경기장에서는 코트 옆쪽 중앙근처에 삼각대를 고정시키고 촬영합니다. 이렇게하면 코트전체를 내다볼 수 있고 프리프라이트경기의 경우 참가하는 선수도 중앙에서 입장하므로 여러가지 화려한 기술을 빠짐없이 촬영할 수 있습니다.

■ 비디오는 실력향상을 위한 중요한 수단

경기장에서 촬영하는건 당연합니다만 이외에도 비디오를 능숙하게 사용하는 방법이 있습니다. 특히 경기를 하고 있는 분은 자신의 연습자세, 드로잉 자세를 비디오로 촬영해 확인해 보는것도 실력향상의 비결입니다. 숙달된 사람의 자세와 자신의 자세를 비교해보거나 개와의 콤비네이션을 보는 등, 경기할때의 자신의 자세와 비교해보는것도 매우 훌륭한 참고가 될거라 생각합니다. 비디오 카메라를 능숙하게 사용해 자세를 가다듬어 가는것도 실력향상의 한 걸음 입니다.

가벼우며 소형

■ 홈페이지에 공개하는 즐거움도 있다.

요즘 많은 사람들이 홈페이지를 만들고 있습니다. 촬영한 비디오를 컴퓨터로 읽어들여 홈페이지로 공개해보는것도 즐거움의 하나지요. 애견의 대회기록으로서 남겨두는것도 좋고 견학하러 갔을 때라면 경기르포와 같은 형식으로 웹에 올려서 보는것도 재미있습니다.

코트옆이라면 화려한 기술도 빠짐없이 촬영할 수 있다

촬영한 자세를 비교하여 참고하자

홈페이지에 공개

프리스비경기를 보며즐기자
점핑캐치는 꼭 한번 구경해 볼 가치가 있다!

경기참가의 즐거움은 설명했으므로 여기서는 프리스비 독 경기를 지켜보는 관중분들을 위해 경기의 「볼거리」를 소개합니다.

■ 고난이도의 경기 그야말로 압권

프리스비 독의 볼거리라 하면 뭐니뭐니해도 이것이겠죠. 역동적인 점핑캐치와 화려한 기술 등 박력만점의 플레이는 한 번은 구경해 볼 가치가 있습니다. 특히 결승 라운드에 들어서면 어떤 팀이라도 박력넘치는 고난이도의 플레이를 펼치며 관중도 하나가 되어 분위기가 고조됩니다. 그 흥분과 현장감, 그리고 속도감은 그야말로 압권! 경기장이 아니면 절대로 느껴볼 수 없는 묘미입니다.

■ 경기장의 분위기 배경음악 · DJ가 띄운다

경기장 안은 감도좋은 배경음악과 DJ의 방송으로 분위기가 고조되어 참가자는 물론 보고있는 것 만으로도 즐거워집니다. 감도좋은 배경음악을 뒤로하고 펼쳐지는 화려한 플레이는 속도감이 흘러넘치며 박력만점!

또한, 각 선수 소개시에도 아이디어를 짜내어 스타처럼 칭송받는 선수가 있는가 하면 악평이 끊이지 않는 선수가 있는 등, 듣고 있는 것만으로도 즐거워집니다.

■ 개의 표정—애견가라면 감동 그 자체

프리스비 독 선수로서 또 개를 사랑하는 사람으로서 꼭 봐 주셨으면하는 것이 있다면 그건 바로 개의 표정입니다. 의욕에 넘치는 눈을 반짝반짝 거리며 프리스비를 쫓아가서 낚아채 전속력으로 뛰어 돌아오는 개들은 하나같이 모두 꼬리를 살랑살랑거리며 온몸으로 기쁨을 표현합니다. 규칙이나 플레이의 좋고 나쁨을 모른다해도 신나게 코트를 달리는 개들의 모습을 본다면 프리스비 독의 참 재미를 느끼실 수 있으실겁니다.

꼬리를 세우고 전속력으로 내 달린다

볼거리의 하나. 점핑캐치!

■ 조용한 곳에서는

사람이 날리면서 노는 물체중에서 「부유감」을 느낄 수 있는 것으로 프리스비를 빼놓을 수 없습니다. 이 독특한 부유감은 보고있는 것만으로도 기분이 좋아지지요. 단 능숙하게 날리기 위해서는 그 나름대로의 기술이 필요해서 바람의 영향을 받기 쉬운 프리스비를 아무런 저항없이 조절하는 기술도 볼거리의 하나입니다. 또한 단지 날리면 그만이 아닌 개가 낚아채기 쉽도록 활공시간을 늘리면서 멀리 그것도 정확하게 물 수 있는 장소로 던져주는 것이 필요하지요. 즉 기술과 함께 협동이 요구됩니다. 이런 최고선수들의 개한테 부드럽게 프리스비를 건네주는 자신을 깨닫는 여러분은 분명 최고선수로서의 자질을 가지고 있음에 틀림없습니다.

낚아채기 쉬운 곳에 던지는 기술도 반드시 지켜보자

경기, 참가해도 좋고 구경해도 좋고

푸른하늘 밑에서 경기는 펼쳐진다

화려한 기술은 박력만점! 압권!

프로가 말하는 실력향상의 비결

① 분위기에 휩쓸리지 말고 자기다움을 표출하자

●최고 선수도 느끼는 압박감

대회경기는 평소때와는 전혀 다른 환경과 분위기속에서 진행되기 때문에 초보자나 능숙자 또는 사람이나 개를 막론하고 모두 이런 어려움을 안고 시작합니다. 게다가 많은 라이벌들의 시선을 받으며 자신의 일거수 일투족이 드러납니다.

그리고 시간은 기록되며 심판은 지켜봅니다. 경기장안의 아나운서가 자신과 개를 소개하며 그 플레이에 대한 소감을 큰 소리로 이야기합니다. 이런 상황속에서 여느때처럼 근처 공원이나 들판에서 연습할때와 마찬가지 상태로 플레이할 수 있는 사람이 있을까요. 대답은 '노' 입니다. 우선은 이 정신적인 압박에서 오는 뜻밖의 실패를 극복하지 않으면 안됩니다. 압박감은 정상급 선수들의 경우도 피해갈 수 없지요. 그러나 그런 압박감을 느끼면서도 「플레이 중 선보여할 할 부분은 확실히 보여준다」라는 강한 의지를 그들은 행동으로 옮기는 것이지요. 이것은 누구라도 경험해 본 적이 있는 것이 겠지만 사람들 앞에 나서기만 하면 멋있게 보이려

거나 좀 더 커 보이려고 하는 등 여느 때와는 다른 행동을 취하거나 머리속이 텅 비어버리고 무엇을 하고 있는지 알수 없게 되버리는 등 평소 때의 자신이 아닌 또 다른 자신을 내보이려고 하는 경우가 있습니다. 역시 어느 때처럼 자신

만의 플레이에 충실할 것. 어려운 일이지만 이 방법이 가장 중요합니다. 이렇게 함으로서 압박감 속에서도 자신다움에 다가설 수 있을것입니다.

●경험만이 가르쳐주는 법

자, 이러한 일들은 명심한다해도 처음부터 이루어지지는 않습니다. 역시 경험해가면서 조금씩 몸에 익혀가는 것이지요. 압박감을 느껴가면서도 바람방향에 따라 프리스비를 던지고 개의 움직임을 정확하게 판단한다. 제한시간을 듣거나 봐 가며 개를 달리게하고 득점으로 연결, 그와 동시에 다음 플레이를 구상한다. 투척 또는 캐치실수에 연연하지 않으며 승부를 단념하지 않고 끈질기게 물고 늘어진다. 이러한 모든 일도 경험이 가르쳐주는 법입니다. 또한 대회 당일까지의 연습스케줄이나 건강관리, 경기출장 전에 화장실문제해결이나 안정상태 확인, 개의 집중력 관리등 실제 경기이외의 사항에 있어서도 경험이 가르쳐주는 것은 수없이 많습니다.

●밤낮으로 착실하게 노력을 거듭해서…

공식전등의 대회에서 입상하기 위해서는 여느때처럼 한가롭게 공원에서 하는 연습만으로는 무리가 따르지 않을까요? 평소 훈련스케줄도 잘 생각해 대회 당일에는 사람은 물론 개도 최고의 컨디션을 유지하도록 신경쓰지 않으면 안됩니다. 경기장에서는 사람 및 개도 집중력이 흩어지지 않도록 불필요한 행동은 삼가해야 하는 법입니다. 대회는 1 포인트에도 모든 정열을 쏟아붓는 치열한 승부의 세계입니다. 항상 시상대에 올라서는 최고 선수들은 이러 모든 일에 밤낮을 가리지 않고 착실하게 노력을 거듭해 온 사람들 뿐 인것입니다. 이상과 같은 사항을 조금이라도 받아들여 연습에 임하면 여러분이 입상할 날도 반드시 다가올 것입니다.

② 종류를 늘려 여유를 갖고 플레이

실력향상과 함께 중요한 것은 「한 가지 틀에 구애받지 말자」라는 것입니다. 여러가지를 조합해서 애견과 연습해보세요. 다른 팀의 기술이나 흐름을 참고해 연습하는 것도 좋은 공부가 됩니다. 그렇게하면 각자 팀의 기술종류가 늘어나고 애견이 무엇을 잘하고 못하는지 알 수 있지요. 애견의 특기기술을 숙달시켜 그렇지 못한 기술을 견제해 줍니다. 물론 서툰 기술도 연습합니다. 자신과 애견의 기술종류가 늘어나면 경기에서도 여유를 갖고 플레이를 펼칠 수 있습니다. 날마다 체력단련도 게을리 해

서는 안됩니다. 가장 권장하고 싶은건 개에게 수영시키는 것입니다. 이 방법은 관절에 미치는 부담이 적으며 탄력있고 강인한 근력을 길러줍니다. 그러나 무리한 연습은 금물입니다. 프리프라이트경기에서는 프리스비를 있는 힘껏 던지는 경우가 적으며 가볍고 부드럽게 던지는 경우가 많으므로 바람에 대비한 연습도 중요합니다. 경기에서는 당황하지말고 침착해야 함을 명심하십시오. 이것은 낯설은 장소에 익숙해지기 위함이기도 하고 자기자신을 안정시키는게 무엇보다 중요하기 때문입니다. 경기장에서는 애견을 안정시키는 것이 더욱 중요합니다. 자신의 경기 직전에는 애견의 집중력을 단숨에 높이는 반면 코트안에서는 애견을 안정시킵니다. 당황하지 않고 침착하게 플레이하는 것이 좋은 성과로 이어집니다. 프리프라이트는 결코 어렵지 않습니다. 매일매일 애견과의 연습과 약간의 배짱만으로 경기에 참가해주십시오.

③ 서툰 사람한테 프리스비를 던져달라고 부탁한다

우선은 드로잉 연습에 대해 가르쳐드리죠. 저의 경우 바람 방향을 바꿔가며 던지는건 당연하나 나무 등을 사용해 좌우로 회전시키거나 거리를 재보는 등의 훈련을 자주 합니다. 이렇게하면 드로잉의 종류가 늘어나 여러 상황에 놓여도 선택의 여지가 없어지지요.

다음은 개의 훈련입니다. 어느 정도 드로잉에 익숙해지면 개는 자신이 생각한 궤도나 타이밍이 아니면 프리스비를 놓치기 쉬워집니다. 때문에 일부러 타이밍을 늦추거나 때로는 가족이나 친구 등 가능한 한 서투른 사람에게 던져보게 합니다. 이 훈련으로 개는 「디스크 처리」가 능숙해집니다. 또한 여러 사람과 어울리기 때문에 개는 즐겁게 프리스비를 쫓아갑니다. 눈앞의 승리가 아닌 예를들면 개가 나이가 들어 다리가 느려졌을 때 개에 맞춰 던질 수 있다면… 프리스비가 개에게 있어 「즐거운 놀이」로 계속 남을 수 있다면… 보다 오랫동안 애견과 함께 프리스비 독을 즐길 수 있기를 바라며 이런 연습을 하고 있습니다.

④ 개에 맞춰 프리스비를 던진다

프리스비 독은 일반인이 보면 던진 프리스비를 개가 달려가 낚아채는 정도의 단순한 스포츠로 보입니다만 저와 애견 케프는 죽을때까지 이 경기의 참맛은 알 수 없으리라 생각합니다. 그 만큼 심오하다는 뜻이지요. 그것만큼 퍼스트백 프리스비는 독특한 원반으로 제멋대로 날아다니며 움직임을 예측할 수 없습니다. 때문에 여러 장소, 바람 부는 곳에서의 연습이 필요하지요. 바람부는 방향 하나로 프리스비의 비행방식이 아주 달라집니다. 개는 그런 변덕스러운 프리스비를 낚아채지 않으면 안됩니다. 그 때문에 사람이 안정된 프리스비를 던져주지 않으면 안되는 것입니다. 매일매일 연습도 여러가지 방법으로 훈련해 각 지형마다 바람의 특성을 간파하지 않으면 안됩니다.

오랫동안 대회에 나가다보면 사람이 실수했을때는 개가 숨겨주고 개가 실수하면 사람이 숨겨주는, 진정한 신뢰관계가 생겨납니다. 이 스포츠의 진정한 재미는 팀 플레이라고 생각합니다. 때문에 대회성적이 부진한 경우 저에게 책임을 돌리고 있습니다. 개는 책임이 없기 때문이지요. 개를 탓하는 사람이 있습니다만 자신이 능숙하게 개한테 맞춰 던지면 반드시 능숙하게 낚아채줄것 임에 틀림없습니다. 그러는 사이 성적도 좋아질게 분명합니다. 연습방법에 대한 질문도 많이 하십니다만 자신의 개에 맞는 연습방법이 좋다고 생각합니다.

개에 따라서 체력이나 의욕이 틀리기 때문이지요. 자신의 애견은 주인이 가장 잘 알고 있다고 생각합니다.

기본적으로 프리스비 연습은 주 2~3회 입니다. 날마다 산책은 매일하는게 기본입니다만 때로는 데리고 다니면서 운동하기도 합니다. 자전거로 5~8킬로미터를 데리고 다닐 때도 있습니다. 프리스비 연습시간은 1번 시작하면 15분 정도일까요. 그 정도를 기준으로 삼아 연습하고 있습니다. 그 후에는 자유운동입니다. 공을 쫓아 달리거나 개들끼리 달리는 등 한시간 정도 간격을 두어가며 실시하고 있습니다. 일부러 터무니없는 각도나 속도로 던져 연습하는 경우도 있습니다. 개도 몇번 경험해보면 생각해서 낚아챌 수 있도록 움직이거나 빨리 달립니다. 자연스럽게 습득해 경기에서 활용할 수 있는 경우도 있지요. 대회가 없을 경우 한주간 프리스비 연습을 하지않는 경우도 있습니다. 매일 산책만 시킨 뒤 일주일 후에 하면 흥분해서 엄청난 기세로 뛰어놉니다. 저렇게 프리스비를 좋아했었나 하고 여겨질 정도입니다.

날마다 연습은 힘들겠지만 개를 위해서라고 생각하면 가능합니다. 그 만큼 강인한 체력을 갖추고 있다면 오랫동안 제 곁에 있어줄거라 생각하기 때문입니다. 운동하지 않는 개는 나이보다 늙어보이거나 늙은개 특유의 질병에 자주 걸립니다. 훈련은 대부분이 사람쪽 연습입니다. 기본적인 목표를 정해서 예를들면 10장의 프리스비를 준비해 30m를 겨냥해 계속 던져보면 점점 능숙해져서 2m 사방으로 프리스비를 모을 수 있게 됩니다. 더 능숙해지면 1m 사방으로 수준을 높여갑니다. 거리도 점점 늘려갑니다. 좌우 어느쪽으로 날릴 건지도 결정해 주십시오. 중요한건 개가 달리고 있는 이미지를 떠올리며 던지는 것입니다. 한쪽 방향으로 던진 후 반드시 반대편에서도 똑 같이 던집니다.

개와 연습할 경우는 대회에서와 마찬가지로 1분간 시간을 측정해 어느정도의 속도로 던질 수 있는지 1분간의 구간분배를 생각합니다. 그다지 무리 없게 시간간격을 두어 연습해 주십시오. 대회에서 승리하는 방법입

니다만 이건 날마다 연습하는 수 외에 없다고 생각합니다. 프리스비 독연습은 개와 즐기면서 할 수 있고 대회에서 점수가 신통치 않게 나왔다면 또 분발하면 된다고 생각합니다. 꼭 이 경기의 즐거움을 개와 함께 만끽했으면 좋겠습니다.

⑤ 승리비결, 그것은 개와의 협동

저는 프리스비 독을 시작한지 6년째 접어들었습니다. 현재 파트너는 웰슈코기 와 러브레도 레트리버. 코기는 태어난지 7년 4개월이고 러브레도는 현재 1년하고 9개월째입니다. 코기가 태어난지 1년이 지났을때 프리스비 독을 알게 되어 즐겨 왔습니다. 지금은 소형개 대회가 활발하게 열리고 있습니다만 저희들이 시작했을 때만해도 소형개 대회는 지금처럼 번창하지 않아서 챔피온 대회에 나가는 경우가 대부분이었습니다. 목표는 물론 우승이었습니다. 이 와중에서 코기로 어떻게 하면 우승할 수 있을까? 하며 생각하는 나날들이 이어졌습니다. 결국 확실하게 낚아챌 수 있는 프리스비를 던지는게 승리의 지름길이라 생각했습니다. 그로부터 코기를 위한 드로잉을 연구하고 연습했습니다. 승리비결은 던지는 것 그리고 개와의 협동 그 모든것이 일치되었을때 이루어진다고 생각합니다. 자기애견의 특성에 맞춘 드 로잉연습, 운동, 영양관리, 그리고 애견과의 콤비네이션 이 중요하다고 생각합니다.